매혹하는 식물의 뇌

식물의 지능과 감각의 비밀을 풀다

매혹하는

VERDE BRILLANTE   Sensibilità e intelligenza del mondo vegetale

식물의 뇌

스테파노 만쿠소 · 알레산드라 비올라 지음
양병찬 옮김

행성B이오스

추천사

어쩌다 식물에 대해 생각하는 사람들은 하나같이 식물을 '벙어리' 내지는 '지구의 붙박이 가구' 정도로 치부하는 경향이 있다. 즉, 식물은 쓸모 있고 매력적인 생물이기는 하지만, 고작해야 지구상에 건설된 생명 공화국republic of life의 이등 시민second-class citizen에 불과하다고 여기는 것이다. 인류가 식물에 완전히 의존하고 있을 뿐 아니라 식물이 보기보다 그리 수동적인 생물이 아니라는 사실을 깨달으려면, 인간의 자존심이라는 높다란 울타리를 훌쩍 뛰어넘는 상상력이 필요하다. 사실 알고 보면, 식물은 자신과 인간이 출연하는 드라마에서 당당히 주인공의 자리를 꿰차고 있다.

식물은 지구의 모든 육상환경을 지배하고 있으며, 지구의 바이오매스biomass에서 99퍼센트를 차지하고 있다. 이에 비하면 인간과 다른 동물들은 모두 합쳐봐야, 저자의 표현을 빌리자면 '새발의 피'에 불과하다. 이 책은 독자들로 하여금 높다란 울타리를 뛰어넘어, 인간을 포함한 만물이 완전히 다른 각도에서 바라보이는 장소에 착지하게 해줄 것이다. 어쩌면 이 책을 읽고 난 독자들 중에는, 식물은 뛰어난 지능을 바탕으로 생명의 게임에서 인간을 무색하게 할 만큼 대승을 거뒀지만 인간은 오만함 때문에 그 사실을 알아차리지 못하고 있다고 확신하게 되는 분들도 있을 것이다. 식물의 시간이 인간의 시간보다 훨씬 더 천천히 흐르는 것도 인간의 인식을 가로막는 데 한몫 했음을 부인할 수 없다.

일찍이 찰스 다윈은 이렇게 말한 바 있다. "내가 식물을 조직화된 존재organized being의 범주로 승격시킨 것은 아무리 생각해봐도 잘한 일이다." 스테파노 만쿠소는 찰스 다윈 이후로 가장 웅변적이고 열정적으로 식물을 옹호하고 있는 과학자다. 그는 식물생리학자로서, 비교적 신생학문으로 아직도 논란에 휩싸여 있는 식물지능학plant intelligence 분야를 이끌고 있다. 식물지능학이라고 하면 많은 식물학자들이 '극단'이나 '과장'이라는 단어를 떠올릴 것이다. 그러나 지능을 간단히 '삶이 제기하는 문제를 해결할 수 있는 능력'이라고 정의한다면, 식물이 지능을 가졌다는 점을 부인할 수 없을 것이다. 인간은 지능, 학습, 기억, 커뮤니케이션이라는 용어를 애써 동물의 전유물로 간주하려는 경향이 있지만, 이 책은 '동물과 식물이 지능을 공유한다'는 가설을 입증하는 설득력 있는 사례를 제시한다.

　　내가 스테파노 만쿠소를 처음 만난 것은 2013년 그의 연구실에서였다. 연구실 문에는 '플로렌스 대학교 산하 국제식물신경생물학연구소'라는 도발적인 푯말이 붙어 있었다. 당시 나는 〈뉴요커〉에 기고할 식물지능학 기사를 준비하던 중이었다. 그는 내게 "식물의 삶에 대한 인간의 인식은 내가 10대 시절에 읽은 공상과학 소설과 같은 수준에 머물러 있다"라고 말하며, 그 소설의 이야기를 들려줬다. 인간보다 훨씬 빠른 시계를 가진 외계인이 지구에 도착하여 자기들의 시간개념으로는 인간의 움직임을 도저히 포착할 수 없자, 자기들 멋대로 '지구인은 불활성 물질'이라는 나름의 논리적 결론을 내린다. 그리고 지구인을 무자비하게 착취한다는 것이다. (만쿠소는 나중에 이것이 '윙크 오브 언 아이 Wink of an Eye'라는 〈스타트렉〉의 초기 에피소드를 자신이 마구잡이로 재구성한 이야기임을 기억해냈는데, 중요한 점은 여기서 '외계인'은 '인간'을 '지구인'은 '식물'을 의미한다는 것이다. 이 에피소드는 온라인에서 쉽게 찾을 수 있으며, 한번 시청해볼 만한 가치가 충분하다.)

　　만쿠소는 뛰어난 상상력을 통해 빠르고 경솔하고 거만한 인간을 식물의 관점plant's-eye view에서 바라보는 눈과 영감을 얻었다. 그리하여 과학작가인 알레산드라 비올라와 함께《매혹하는 식물의 뇌》라는 역작을 탄생시켰다. 《매혹하는 식물의 뇌》는 과학소설이 아니라, 탄탄한 과학적 근거를 지닌 과학저술이다. 그러나 최고의 과학저술이 늘 그렇듯,《매혹하는 식물의 뇌》는 강력한 상상력의 결과물로서 독자들로 하여금 세상을 완전히 새롭고 자유로운 관점에서 바라보게 해준다. 나아가 이 책을 읽은 독자들은 이 관점을 다른 이들에게 전달하고 싶어 못 견디게 될 것이다. 그러니 알량한 인간중심주의anthropocentrism일랑 잠시 접어두고, 보다 풍요롭고 경이로운 세상에 발을 들여놓기 바란다. 이 책은 독자들을 절대로 실망시키지 않을 것이며, 독자들로 하여금 한동안 감동과 충격에서 벗어나지 못하게 할 것이다.

마이클 폴란Michael Pollan,
《욕망하는 식물The Botany of Desire》의 저자

차례

5장
지능을 가진
생명체, 식물
· 181 ·

프롤로그

식물은 문제를 해결하고 다른 식물, 곤충, 고등동물과 같은 자신의 주변 환경과 의사소통을 할 수 있는 지능적 생물일까? 아니면 일체의 개별적·사회적 행동을 할 수 없는 수동적이고 무감각한 생물일까?

이 질문에 대한 다양한 답변은 멀리 그리스 시대까지 거슬러 올라간다. 그리스 시대에는 여러 학파에 속하는 철학자들이 "식물도 '영혼'을 갖고 있는가?"라는 문제를 놓고 갑론을박을 벌였다. 그렇다면 그리스 철학자들의 논거는 무엇이고, 수 세기에 걸친 과학적 발견에도 불구하고 지금껏 식물의 지능을 둘러싼 논쟁이 해결되지 않은 이유는 무엇일까? 놀랍게도, 오늘날 제기되고 있는 문제들은 수 세기 전에 제기된 문제들과 본질적으로 다르지 않다. 게다가 그것들은 과학에 기반을 두고 있는 것이 아니

라, 수천 년간 계속되어온 감정적·문화적 선입견에서 유래
한다.

　　인과적 관찰에 의하면 식물계의 복잡성은 매우
낮은 수준인 것으로 나타남에도 불구하고, 지난 수 세기
동안 "식물은 지각知覺이 있는 생물로 의사소통과 사회생활
을 할 수 있을 뿐만 아니라 세련된 전략을 구사하여 문제
를 해결할 수 있는 존재, 한마디로 말해서 지능적 존재다"
라는 주장이 끊임없이 제기되어왔다. 데모크리토스에서 플
라톤에 이르기까지, 린네에서 다윈에 이르기까지, 페히너
에서 보즈(구스타프 페히너는 《난나, 식물의 영적인 삶Nanna oder über das
Seelenleben der Pflanzen》이라는 책을 썼고, 보즈는 식물생리학에 큰 공헌을 했다.
-옮긴이)에 이르기까지, 다양한 시대적·문화적 배경을 지닌
철학자와 과학자들이 식물은 우리 눈에 보이는 것보다 훨
씬 더 복잡한 능력을 보유하고 있다는 믿음을 받아들여온
것이다.

　　그럼에도 20세기 중반까지 식물의 지능을 둘러싼
논쟁을 지배했던 것은 주로 반짝이는 직관이었다. 하지만
지난 50여 년 동안 새로운 과학적 사실들이 속속 발견되면
서, 마침내 세상은 식물계를 새로운 눈으로 바라보지 않을
수 없게 되었다. 1장에서, 나는 식물의 지능을 입증하는 과
학적 증거들을 하나하나씩 소개할 것이다. 독자들은 식물
의 지능을 부정하는 주장들이 과학적 데이터보다는 지난
수천 년간 지속해온 문화적 편견과 영향력에 의존하고 있
음을 깨닫게 될 것이다.

이제 때가 무르익은 것 같다. 지난 수십 년 동안 행해진 실험을 통해, 식물은 계산·선택·학습·기억 능력을 보유한 존재로 간주되기 시작했다. 몇 년 전 스위스는 비합리적 비판이 제기되는 와중에서 특별한 선언을 통해 세계 최초로 식물의 권리를 확인한 나라가 되었다.

그러나 식물의 본질은 무엇이며 어떠한 과정을 거쳐 오늘날과 같은 존재가 되었을까? 인간은 지구상에 처음 등장하던 때부터 식물과 함께 살아왔지만 식물에 대해 아는 것이 전혀 없다. 이건 단지 과학적·문화적 차원의 문제가 아니라, 좀 더 근본적 차원의 문제라 할 수 있다. 인간은 식물과 진화 경로가 판이하게 달라 식물을 제대로 이해하기가 매우 어렵기 때문이다.

여느 동물들과 마찬가지로 인간은 여러 개의 독특한 장기organ들이 모여 하나의 유기체organism를 구성하고 있다. 이러한 유기적 시스템은 움직이는 데 매우 효율적이지만 치명적인 단점이 하나 있다. 그것은 여러 장기 중 하나라도 상실하면 유기체의 균형이 와해되어 경쟁자에게 밀리거나 포식자에게 잡아먹히기 십상이라는 것이다. 이에 반해 식물은 움직이지 않고 고착생활을 하므로 인간과 다른 방식으로 진화했다. 다시 말해서 식물은 여러 개의 모듈module로 구성되어 있는데, 식물이 '유기적인 장기' 대신 '독립적인 모듈'을 택한 이유는 자명하다. 만약 식물이 여러 개의 장기로 구성되어 있다면, 초식동물에게 장기를 하나라도 뜯어 먹힐 경우 죽음을 면할 수 없기 때문이다.

지금까지 우리가 식물을 지능적 존재로 이해하고 인정하는 데 걸림돌로 작용했던 것은 바로 이 차이점이라고 할 수 있다. 2장에서, 나는 이러한 차이점이 발생하게 된 과정을 설명하고자 한다. 즉, 모든 식물이 대량포식massive predation을 면하는 능력을 획득하고 궁극적으로 동물과 달리 가분성divisibility을 지니게 된 과정을 차근차근 설명할 것이다. 결론만 간단히 이야기하면, 식물은 여러 개의 지휘본부command center를 보유하고 있는 하나의 네트워크 구조라고 할 수 있다. 여러 개의 컴퓨터들이 연결되어 있는 인터넷을 생각하면 이해하기 쉽다.

식물을 이해하는 것은 점점 더 중요해지고 있다. 식물은 광합성을 통해 산소를 공급함으로써 동물이 지구상에 등장하는 것을 가능하게 했으며, 오늘날에도 먹이사슬의 최하층부에서 생태계를 떠받치고 있다. 그들은 또한 화석연료와 같은 에너지원으로서 지난 수천 년 동안 인류의 문명을 지탱해왔다. 따라서 식물은 식량, 의약품, 에너지, 설비에 필수적인 원재료라고 할 수 있으며, 앞으로 과학기술이 계속 발달함에 따라 식물에 대한 의존성이 더욱 증가할 것으로 예상된다.

3장에서는 식물이 인간처럼 오감五感(시각, 청각, 촉각, 미각, 후각)을 갖고 있음을 증명할 것이다. 물론 이 다섯 가지 감각들은 식물 나름의 방식으로 발달했지만, 동물의 감각과 비교할 때 결코 뒤떨어지지 않는다. 그렇다면 식물의 감각과 인간의 감각이 똑같다고 할 수 있을까? 그렇지 않다. 식물은 인간보다 감각이 훨씬 더 예민할 뿐 아니라 최소한 열다섯 가지 감각을 추가로 보유하고 있다. 예컨대 식물은 중력, 자기장, 습도를 감지하고 계산할 수 있으며, 수많은 화학물질의 농도기울기를 분석할 수 있다.

우리가 흔히 생각하는 것과 달리 식물은 사회적 측면에서 인간과 유사한 점이 많다. 4장에서는 식물이 감각을 이용하여 세상에 적응하고, 다른 식물, 곤충, 동물과 상호작용을 하며, 화학분자를 이용하여 서로 의사소통을 하고 정보를 교환하는 방법을 설명할 것이다. 식물은 서로 이야기를 나누고 친척을 알아보는가 하면, 다양한 성격을 나타낼 수도 있다. 동물의 세계에서와 마찬가지로 식물의 세계에서도 누구는 기회주의적이고 누구는 관대하고, 누구는 정직하며 누구는 부정직하다. 그들도 자신에게 도움을 주는 자에게는 보상을 제공하고 해를 끼치는 자에게는 벌을 준다.

사실이 이와 같다면, 식물이 지능을 가졌다는 사실을 어떻게 부인할 수 있을까? 그러므로 문제는 '식물이 지능을 가졌는가'가 아니라 '지능을 어떻게 정의할 것인가'라고 할 수 있다. 우리는 5장에서 지능을 문제해결 능력 problem-solving ability이라고 정의할 것이다. 만약 '생존과 관련된 문제를 해결하는 능력'의 관점에서 본다면, 식물은 단지 지능을 갖고 있는 정도가 아니라 엄청나게 영리하다고 볼 수 있다. 즉, 식물은 우리처럼 뇌를 갖고 있지는 않지만 외부 스트레스에 적절하게 반응하고 ('자아'와 '인식'이라는 용어가 이상하게 들릴지 모르겠지만) 자아와 환경을 잘 인식할 수 있다.

확고한 정량적 데이터에 의거하여 '식물은 지금 껏 생각해왔던 것보다 훨씬 더 진보한 생물체'라고 맨 처음 주장한 사람은 찰스 다윈이었다. 그로부터 150년이 지난 오늘날 "고등식물이 실제로 지능을 갖고 있다. 즉, 환경으로부터 신호를 받아들여 처리한 다음 생존에 적절한 해법을 도출해낸다"라는 사실을 입증한 연구들이 줄줄이 발표되고 있다. 나아가 식물들은 개체가 아닌 군집으로 행동할 수 있게 하는 일종의 무리지성swarm intelligence을 발휘하는 것으로 밝혀졌는데, 이것은 개미군집, 물고기떼, 새떼 등에게서 관찰되는 행동과 동일하다.

일반적으로 식물은 인간 없이도 잘 살 수 있지만, 인간은 식물이 없다면 곧 죽고 말 것이다. 그럼에도 불구하고 많은 언어권에서는 사람이 '죽은 것이나 다름없는 상태'를 '식물인간'이라고 부른다. 만약 식물이 말을 할 수 있다면 십중팔구 다음과 같은 질문을 가장 먼저 던질 것이다. "식물인간이라고? 도대체 식물을 뭘로 보는 거야?"

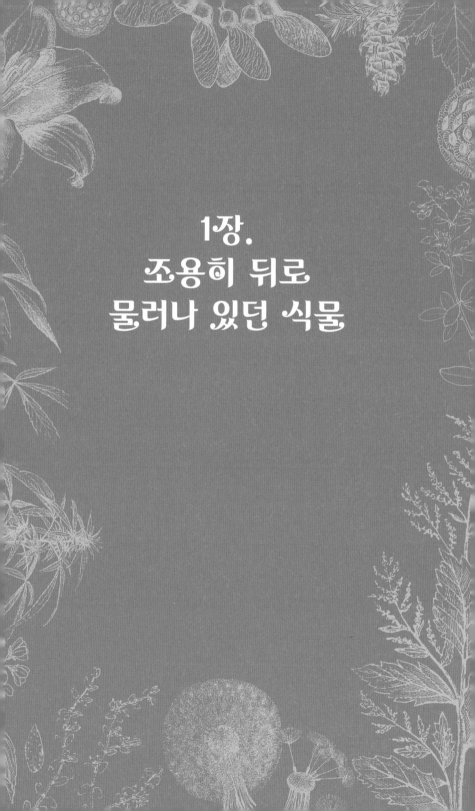

1장.
조용히 뒤로
물러나 있던 식물

숲은 신의 첫 번째 사원이었다 The groves were God's first temples.
– 〈숲의 찬가〉 중에서, 윌리엄 컬런 브라이언트 William Cullen Bryant

신神이 가장 먼저 창조한 생물은 식물이었다. 그리하여 지구는 온통 식물세포들로 뒤덮이게 되었다. 그다음으로 신은 동물을 창조하고 가장 존귀한 동물인 인간을 창조함으로써 대단원의 막을 내렸다. 주인공은 늘 마지막에 등장하는 법이다.

여느 우주생성론cosmogony과 마찬가지로 구약성서의 창세기는 인간을 창조의 마지막 열매, 즉 선택받은 존재로 묘사하고 있다. 만물이 기다리고 있는 가운데 그는 맨 나중에 지구상에 나타났다. 이는 만물이 그에게 복종하고 지배되도록 예비되어 있었음을 시사한다. 구약성서에서는 천지창조가 7일 만에 완료되었다고 설명하고 있다. 이에 따르면 3일째 되는 날에는 식물이, 6일째 되는 날에는 '가장 교만한 피조물'이 창조되었다고 한다.

이 순서는 오늘날 발견된 과학적 증거와 얼추 들어맞는다. 과학자들에 의하면 지금으로부터 35억 년 전 광합성을 할 수 있는 세포들이 지구상에 등장했으며, 현생인류 호모 사피엔스가 출현한 것은 20만 년 전이라고 한다. 참고로 35억년을 1년이라고 치면 20만 년은 겨우 30분에 해당한다. 그러니까 광합성 생물이 1월 1일 0시에 탄생했다면, 현생인류는 12월 31일 밤 11시 30분에 막차를 타고 지구에 도착한 셈이다.

일부 진화론 지식이 인간을 '우주의 주인'으로 치켜세우고 있지만, 가장 나중에 도착했다고 해서 특권의식을 가질 이유는 전혀 없다. 솔직히 말해서 우리는 그저 지구의 신입생일 뿐이다. 특권은커녕 토박이들의 텃세에 시달리지 않으면 천만다행이다. 문화조건화cultural conditioning를 통해 뇌리에 박혀 있는 것과 달리, 인간은 애당초 다른 종들을 지배할 수 있는 기득권을 보장받고 태어나지 않았다.

지난 수 세기 동안 수많은 철학자와 과학자들은 '식물이 뇌나 영혼을 보유하고 있으며 아무리 하등식물이라도 외부 스트레스를 느끼고 반응할 수 있다'는 아이디어를 제시해왔다. 이루 다 열거할 수는 없지만 데모크리토스에서 플라톤까지, 페히너에서 다윈에 이르기까지, 역사상 최고의 지성들이 식물의 지능을 옹호해왔다. 어떤 이들은 식물에게 감정을 부여하고, 어떤 이들은 식물을 '거꾸로 선 인간'으로 묘사했다. 즉, 고착생활을 한다는 점만 빼면 식물도 감정과 지능을 보유한 존재로서 인간에게 꿀릴 것이 없다는 것이다.

수십 명의 위대한 사상가들이 식물의 지능을 이론화하여 문서로 남겼다. 하지만 '식물은 무척추동물보다 열등하고 덜 진화했으며 진화적 관점에서 보면 무생물보다 나을 것이 없다'는 고정관념이 전 문화권에 퍼져 있다. 그리고 이런 생각은 우리의 일상행동에도 부지불식중에 반영되어 나타난다.

실험과 과학적 발견에 근거하여 식물의 지능을 주장하는 목소리가 아무리 높아도, 엄청난 반대세력의 파도에 휩쓸리고 만다. 서구의 종교, 문학, 철학, 심지어 현대과학은 암묵적 합의 하에, 식물은 지능은 고사하고 다른 종種들보다 낮은 수준의 생명을 보유하고 있다는 생각을 널리 퍼뜨리고 있는 듯하다.

1. 종교와 식물

구약성서에 의하면, 신이 대홍수를 일으키기 전에 노아의 방주에 태울 생물들을 일일이 지정해주었다고 한다. "혈육 있는 모든 생물을 너는 각기 암수 한 쌍씩 방주로 이끌어 들여 너와 함께 생명을 보존하게 하되, 새가 그 종류대로 가축이 그 종류대로 땅에 기는 모든 것이 그 종류대로 각기 둘씩 네게로 나아오리니 그 생명을 보존하게 하라." 노아가 신의 명령에 따라 정결한 짐승과 새는 일곱 쌍씩, 부정한 짐승은 두 쌍씩 방주에 넣은 덕분에 대홍수가 끝난 후 종족번식이 가능하게 되었다는 것이다.

그러나 구약성서에는 식물에 대한 언급이 한마디도 없다. 그렇다면 식물은 어떻게 되었을까? 아마도 구약성서의 기자記者는 식물을 동물과 대등하게 보지 않은 정도가 아니라 아예 무시했던 것 같다. 방주에 들어가지 못한 식물들은 홍수에 파괴되거나 다른 무생물들과 같이 이리 휩쓸리고 저리 휩쓸리다가 대부분 죽고 극히 일부만이 용케 살아남았을 것이다. 식물은 너무 하찮은 존재라서 굳이 돌볼 필요를 느끼지 못했던 것일까?

식물에 대한 궁금증은 구약성서를 계속 읽어나가다 보면 금세 해결된다. 며칠 동안 비가 내리지 않아 방주가 서서히 땅 위에 내려앉자 노아는 비둘기를 한 마리 날려보내 세상 소식을 가져오게 한다. 바깥 세상은 모두 메말라 있었을까? 근처에 연못이나 호수는 없었을까? 사람과 동물이 살 만했을까? 비둘기는 부리에 올리브 가지 하나를 물고 돌아왔는데, 이는 물 위로 땅이 일부 드러나 생명이 살 수 있게 되었음을 의미한다. 비록 특별한 언급은 없지만 노아는 지구상에 식물이 없으면 생명이 살 수 없다는 사실을 알고 있었음이 분명하다.

잠시 후 방주가 아라랏 산에 상륙하면서 비둘기가 가져온 소식은 사실로 밝혀진다. 노아는 방주에서 내려 동물들을 풀어주고 나서는 신에게 감사를 드린다. 임무를 완수한 노아가 다음으로 한 일은 무엇이었을까? 그는 놀랍게도 포도나무를 심는다. 그렇다면 포도나무 묘목은 어디서 구한 것일까? 성서에 언급되어 있지는 않지만 노아는 포도나무의 유용함을 잘 알고 있었으므로, 생물이 아님에도 불구하고 몸에 지니고 있었음에 틀림없다.

독자들은 거의 느끼지 못하겠지만 이렇듯 구약성서 전반에는 '식물은 살아 있는 피조물이 아니라는' 인식이 깔려 있다. 창세기의 기자는 올리브와 포도나무를 생명과 부활의 상징으로 내세우고 있지만, 식물의 전반적인 중요성을 인식하지는 못했던 것 같다.

유대교, 이슬람교, 기독교를 통틀어 아브라함 종교Abrahamic religion라고 부르는데, 이 세 가지 종교들은 모두 은연중에 '식물은 살아 있는 존재'라는 점을 인정하지 않는다. 예컨대 이슬람교에서는 알라나 기타 살아 있는 피조물을 묘사하는 것을 금하고 있다. 그런데 이슬람 예술에서는 식물과 꽃을 열정적으로 묘사하고 있어 꽃문양은 이슬람 예술의 상징으로 여겨지고 있을 정도다. 이는 이슬람교가 은연중에 '식물은 생물이 아니라는' 믿음을 지지하고 있음을 시사한다. 만약 식물을 생물로 인정한다면 식물이 예술의 소재로 사용되는 것을 용납할 리가 없기 때문이다.

한편 이슬람교의 경전인 꾸란을 읽어보면 그 어디에서도 '동물을 묘사하지 말라'는 구절을 찾아볼 수 없다. 동물의 묘사를 금하는 관행은 하디스Hadith에서 유래한다. (하디스는 예언자 무하마드의 언행이 기록된 책으로, 이슬람법 해석의 기준으로 간주된다. 하디스에는 "알라 외에 다른 신이 없으며, 모든 것은 알라에게서 나오고 모든 것이 곧 알라다"라고 씌어 있는데, 여기서 '모든 것'에 식물이 포함되지 않는 것은 당연하다.)

인간과 식물 간의 관계에 대한 아브라함 종교의 태도는 매우 헷갈린다. 예컨대 유대교의 경우 구약성서를 기반으로 하고 있음에도 불구하고 다른 종교들과 달리 불필요한 벌채를 금하고 나무 심는 절기 튜비슈밧Tu Bishvat을 지킨다. 이와 같은 태도는 인간의 양면성을 잘 반영한다고 할 수 있다. 한편으로는 인간이 식물 없이 살 수 없다는 사실을 뻔히 알면서도, 다른 한편으로는 식물이 지구상에서 수행하는 역할을 인정하지 않으려고 버티는 이율배반적인 심리 말이다.

모든 종교가 식물을 똑같이 대우하는 것은 아니다. 아메리카 원주민과 다른 지역의 원주민들은 식물을 영물靈物로 여겨 부족의 의식에 사용한다. 어떤 종교에서는 식물 또는 그 일부분을 신성시하는 데 반해, 어떤 종교에서는 혐오하거나 심지어 악마로 여기기까지 한다. 예컨대 15~17세기의 가톨릭 종교재판에서는 '마법'에 사용된다는 이유로 마늘, 파슬리, 회향과 같은 식물들이 마녀재판의 증거물로 채택되는 웃지 못할 해프닝이 벌어졌다. 심지어 오늘날에도 일부 향정신성 효과를 갖는 식물들은 재배가 금지되거나 특별한 규제를 받는다.

2. 예술, 철학과 식물

식물은 인생의 일부일 뿐만 아니라 예술, 민담, 문학의 단골 소재로 등장하여 혐오·사랑·외면·신성함의 대상으로 그려져 왔다. 그것은 수많은 예술가와 작가의 상상력을 통해 작품 속에 녹아들어 우리가 세상에 대한 비전을 구축하는 데 많은 도움을 주었다. 그렇다면 예술가들은 그들의 작품에서 인간과 식물 간의 관계를 어떻게 그리고 있을까? 예외는 있겠지만 대부분의 작가들은 식물을 정적·수동적인 무생물로 묘사하는 경향이 있다.

예컨대 대니얼 디포의 《로빈슨 크루소》(1719)에서는 식물을 풍경의 일부로 묘사할 뿐 살아 있는 유기체로 여기지 않는다. 디포는 처음 수백 페이지를 오로지 무인도에 표류한 주인공 로빈슨이 다른 생물체를 찾아헤매는 과정을 묘사하는 데 할애한다. 이미 온갖 종류의 식물에 둘러싸여 있는데도 말이다. 보다 최근에 나온 아모스 오즈의 《갑자기 깊은 숲 속으로》(2005)에서는 조그만 마을이 저주를 받아 인간을 제외한 '모든 생물이 살 수 없는 곳'으로 변하는데, 아이러니하게도 마을 전체가 울창한 숲으로 둘러싸이게 된다.

철학의 경우에는 어떨까? 앞에서도 잠깐 언급한 바와 같이 위대한 사상가들은 지난 수 세기 동안 식물의 본성에 대해 뜨거운 논쟁을 벌여왔다. '식물이 생명 또는 영혼을 지니고 있는가'는 기원전 수 세기부터 끊임없이 계속되어온 논쟁 중 하나였다. 서양철학의 탄생지인 그리스에서는 두 가지 상반된 시각이 오랫동안 공존해왔다. 스타기라 출신의 아리스토텔레스(기원전384 - 322년)와 그 추종자들은 식물이 생물보다 무생물에 가깝다고 주장했고, 압데라 출신의 데모크리토스(기원전460 - 360년)와 그 추종자들은 식물을 인간과 어깨를 나란히 할 수 있을 정도로 높게 평가했다.

아리스토텔레스는 영혼의 보유 여부에 따라 생물과 무생물을 구분했다. 그에게 있어서 영혼soul과 영성spirituality은 별개의 개념이었는데, 이를 이해하려면 먼저 그가 '생명이 있는'이라는 뜻으로 사용한 animate라는 용어의 어원을 분석해봐야 한다(animate는 오늘날 '움직일 수 있는'이라는 의미로 사용된다). 아리스토텔레스는 《영혼론》에서, "영혼의 보유 여부를 판가름하는 특징이 두 가지 있는데, 하나는 운동movement이고 다른 하나는 감각sensation이다"라고 정의했다.

이러한 정의에 입각하여, 아리스토텔레스는 당시로서 가능했던 나름의 관찰을 통해 식물을 일단 무생물inanimate로 간주했다. 그런데 다시 생각해보니 그게 아니었다. 식물은 번식을 할 수 있는데 어떻게 무생물이라고 할 수 있단 말인가! 그래서 궁리 끝에 생각해낸 개념이, 식물에게만 적용되는 저급영혼low-level soul, 즉 식물영혼plant soul이었다. 다시 말해서 식물영혼이란 '움직일 수 없지만 번식은 할 수 있는 식물'을 위해 특별히 만들어진 개념이었다. 하지만 식물이 무생물과 별로 다를 것이 없다는 아리스토텔레스의 기본적인 생각에는 변함이 없었다.

아리스토텔레스적 사고는 수 세기 동안 서구문화에 영향을 미쳤으며, 특히 계몽주의 시대 이전의 식물학에 미친 영향은 막대했다. 철학자들이 오랫동안 식물은 움직이지 못하므로 생물로 분류할 일고의 가치도 없다고 여겼던 것은 어찌 보면 당연하다고 할 수 있다.

그러나 일부 철학자들은 오래 전부터 식물을 높이 평가해왔다. 앞서 말했듯이, 아리스토텔레스보다 약 한 세기 전에 살았던 데모크리토스는 식물을 완전히 다른 관점에서 바라보았다. 그는 원자설에 입각하여 "모든 사물은 원자로 구성되어 있으며 모든 원자들은 진공상태에서 끊임없이 움직인다. 이는 외견상 정지한 것처럼 보이는 사물의 경우에도 마찬가지다"라고 주장했다. 데모크리토스의 주장대로라면 식물도 원자 수준에서는 움직인다는 이야기가 된다. 그는 심지어 나무를 거꾸로 선 인간과 비교하여

매혹하는 식물의 뇌

'머리는 땅속에 다리는 공중에 있다'고 했다. '거꾸로 선 인간'의 이미지는 그 후 수 세기 동안 사라지지 않고 틈만 나면 고개를 들고 일어났다.

　　고대 그리스 시대부터 공존했던 아리스토텔레스와 데모그리토스의 관념은 종종 무의식적 양가감정ambivalence을 초래하여, 식물은 무생물인 동시에 지능적 생물체라는 이율배반적 사고를 낳았다.

3. 식물학의 아버지: 린네와 다윈

칼 폰 린네(1707-1778)는 의사이자 탐험가이자 박물학자로서 다양한 관심사를 갖고 있었는데, 그중 하나는 '모든 식물을 분류하는 것'이었다. 그래서 그는 종종 위대한 분류학자로 불리지만, 그건 정당한 평가라고 할 수 없다. 왜냐하면 그는 평생 동안 식물분류 말고도 엄청나게 많은 연구를 수행했기 때문이다.

식물을 바라보는 린네의 시각은 처음부터 엽기적이었다. 첫째로, 그는 식물의 생식기관을 찾아내어 그것을 분류의 주요기준으로 삼았다. 둘째로, 그는 단호하고 명백한 어조로 식물도 잠을 잔다고 주장했다.

그는 1755년에 쓴 논문에 〈식물의 수면〉이라는 제목을 붙였는데, 이는 당시의 관행에 비추어볼 때 매우 대담한 행동이었다. 왜냐하면 당시의 과학자들은 보통 자신의 이론이 공격받는 일을 막기 위해 제목에 논란을 일으킬 만한 단어를 넣지 않았기 때문이다. 사실 당시의 과학 지식과 야간에 나뭇잎과 가지의 위치가 바뀌었다는 린네 자신의 관찰결과를 감안할 때, 식물이 잠을 잔다고 주장하는 것이 큰 무리는 아니었다. 그러나 그의 생각이 앞서 나가도 너무 앞서 나간 탓에 어느 누구도 이의를 제기할 생각조차 하지 않았다. 수면은 생물의 기본적인 기능이며 고도로 진화된 뇌의 활동이라는 사실이 밝혀진 것은 그로부터 몇 백 년 후의 일이었다.

　　　오늘날 식물이 잠을 잔다는 이론은 많은 비판을 받고 있다. 심지어 린네도 수면의 다양한 기능을 알았다면 그런 식의 의인화擬人化를 함부로 시도하지 않았을 것이다. 즉시 자신의 관찰결과를 다르게 해석하여, 동물의 수면에 상응하는 식물의 수면이 존재한다는 사실을 부정했을 것이다. 사실 린네도 다른 경우에는 식물의 의인화를 부정했다. 예컨대, 린네는 파리지옥Dionaea muscipula 등의 식충식물에 정통해 있었다. 그는 식충식물이 곤충을 포획하여 소화시키는 장면을 두 눈으로 똑똑히 관찰한 적도 있었다.

　　　그러나 식물이 곤충을 잡아먹는다는 것은 자연의 엄격한 위계질서에 위배되는 현상이었다. 따라서 린네도 동시대의 다른 과학자들과 마찬가지로 현실을 인정하기보다는 다른 구실을 가져다 붙이려고 애썼다. 그는 그때그때 확실한 과학적 근거도 없이 곤충은 실제로 죽는 것이 아니라고 하거나, 곤충은 자유의지에 따라 편의상 식충식물 속에 머무는 것이라고 하거나, 식충식물이 곤충을 끌어들인 것이 아니라 곤충이 우연히 식충식물 위에 내려앉은 것이라는 내용의 가설들을 제시했다. 심지어 식충식물의 덫이 저절로 닫힌 것이지 곤충을 일부러 잡은 것은 아니라는 식의 억지주장을 펼치기도 했다. 린네처럼 위대한 식물학자가 식물에 대한 양가감정을 극복하지 못한 것은 참으로 안타까운 일이다.

동물을 잡아먹는 식물이 존재한다는 사실이 공식적으로 확인된 것은 1875년 찰스 다윈이 발표한 논문을 통해서였다. 그러나 다윈은 특유의 신중한 성격 탓에 '육식식물'이 존재한다는 말은 차마 입밖에 내지 못하고 그저 약간의 '식충식물'이 존재한다고만 밝혔다. 벌레잡이통풀Ne-penthes 속屬의 대형식물들이 쥐나 그 밖의 소형 포유동물을 잡아먹는다는 사실을 분명히 알고 있었는데도 말이다.

그렇다고 해서 다윈의 조심성을 탓할 필요는 없다. 갈릴레오를 비롯하여 수백 년 전의 과학자들도 그랬으니까 말이다. 그것은 일종의 처세술이었다. 혁명적 아이디어가 보수적인 과학계에 스며들려면 많은 시간이 필요했기 때문이다. 그러나 잠깐 시간을 내어 린네의 경우를 다시 생각해보자. 그가 '식물이 잠을 잔다'는 이론을 과감하게 주장했음에도 불구하고 동료들에게 왕따나 핍박을 당하지 않은 이유는 뭘까? 대답은 어렵지 않다. 그가 명확한 팩트를 제시하지 않아, 언급할 가치조차 없었기 때문이다. '식물이 언제 잠을 자는지'는 둘째고, '식물이 잔다는 것이

뭘 의미하는지', 심지어 '식물이 과연 잠을 자는지'조차 그들에게는 관심 밖의 일이었다.

오늘날 우리는 수면을 '중요한 뇌기능이 개입된 필수적 생리과정'으로 파악하고 있다. 20세기 초는 물론 현대의 과학자들까지 수면을 고도로 진화한 동물의 전유물이라고 주장해왔다. 그러나 2000년 이탈리아의 신경과학자 줄리노 토노니는 동물실험을 통해 이 같은 도그마를 산산이 부서뜨렸다. 그에 의하면 초파리도 잠을 필요로 한다고 한다. 초파리처럼 단순하기 이를 데 없는 곤충이 잠을 잔다면 식물이라고 그러지 말란 법이 있을까? 우리가 식물이 잠을 자지 않는다고 단정짓는 이유는 단 하나, 수면이 우리가 생각하는 식물의 이미지에 걸맞지 않는다고 생각하기 때문인지도 모른다.

4. 식물생리학: 프랜시스 다윈

우리의 생물관觀은 지난 수 세기 동안 전해 내려온 소위 '생물 피라미드Pyramid of Living Things'에 기반을 두고 있는데, 이것은 카롤루스 보빌루스(1479-1567)가 1509년에 발간한《지혜에 대하여》에서 유래한다. 이 책에 수록된 한 장의 그림은 천 마디 말보다 훨씬 더 값어치가 있다. 그것은 생물과 무생물을 순서대로 배열하고 있는데, 돌(Est: 그저 존재하기만 하고 아무런 속성이 없음)에서부터 시작하여 식물(Est et vivit: 존재하고 살아 있지만 그 이상은 아님)과 동물(Sentit: 감각을 갖고 있음)을 거쳐 최종적으로 사람(Intelligit: 이해력을 갖고 있음)에 이른다.

르네상스 시대의 생물관도 크게 다르지 않아, 일부 종種이 다른 종보다 더 진화했으며 보다 많은 필수능력을 보유하고 있다고 여긴 것은 마찬가지였다. 이러한 생물관은 문화적 부엽토humus와 같아서,《종의 기원》(1859)이 발

그림 1.1 카롤루스 보빌루스의 《지혜에 대하여》(1509)에 수록된 '생물 피라미드.' 우리의 생물관은 그 이후로 변한 것이 별로 없다.

간된 지 150여 년이 지난 오늘날에도 잔존하고 있다. 《종의 기원》은 지구상의 생물을 이해하는 데 너무나 중요한 책이어서, 위대한 생물학자 테오도시우스 도브잔스키는 "모든 생물학 개념은 오로지 진화의 관점에서만 의미를 갖는다"라고 말할 정도였다. 다윈은 위대한 생물학자, 식물학자, 지질학자, 동물학자로서, 그가 제창한 진화론은 인류의 찬란한 과학유산으로 자리매김했다. 그런데 진화적 관점에서 보면 '식물은 무감각한 수동적 존재로 커뮤니케이션·행동·계산 능력이 없다'는 생각은 명백한 오류인데도 불구하고 과학계에 여전히 강고하게 뿌리를 내리고 있다.

다윈은 더 진화하거나 덜 진화한 생물은 없다고 못박음으로써 식물이 결코 무능력한 존재가 아님을 분명히 천명했다. 다윈주의 관점에서 보면 현재 지구상에 살고 있는 생물들은 모두 진화의 나뭇가지 끝에 자리 잡고 있다. 이것은 매우 중요한 가정이다. 왜냐하면 진화의 나뭇가지 끝에 위치해 있다는 것은 특별한 적응능력을 발휘하여 멸종을 모면했음을 의미하기 때문이다.

물론 다윈은 천재적인 박물학자였기에, 식물이 매우 정교하고 복잡한 생물이며 우리가 흔히 알고 있는 이상으로 많은 능력을 보유하고 있다는 사실을 잘 알고 있었다. 그는 일생의 상당 부분을 식물학 연구에 할애하여 6권의 저서와 약 70편의 소논문essay을 남겼고, 진화론은 이를 통해 '불멸의 틀'로 자리잡았다. 그러나 다윈이 남긴 식물학 저술 중 대다수는 늘 부차적으로 취급받아왔다. 이는 과학계가 그동안 식물을 등한시해 왔음을 보여주는 또 하나의 사례다.

《101명의 생물학자들》(1994)이라는 책에서 듀언 이슬리는 많은 지면을 할애하여 다윈에 대해 언급한 후 이렇게 말했다. "식물학자로서 이렇게 많은 업적을 남겼음에도 불구하고 다윈을 식물학자로 기억하는 사람이 거의 없다는 것은 참으로 놀라운 일이다. 그는 여러 권의 식물학 책을 썼을 뿐만 아니라 기회가 있을 때마다 '내가 지금껏 마주쳤던 생물 중 가장 특별한 것은 식물'이라고 강조하곤 했다." 다윈은 자서전에서 "내가 식물을 조직화된 존재

organized being의 범주로 승격시킨 것은 아무리 생각해봐도 잘한 일"이라고 토로했으며, 이 같은 생각은 1880년 발간한《식물의 운동력》에도 잘 나타나 있다.

다윈은 구시대의 과학자로 주로 자연을 관찰하여 법칙을 추론한 인물이었다. 그는《식물의 운동력》에서 아들 프랜시스와 함께 수만 번의 실험을 통해 얻은 결과를 기술記述하고 해석했다. 그는 지상부aerial part와 뿌리를 비롯한 다양한 부위에서 운동의 증거를 찾아냈으며, 특히 뿌리 부분에는 운동을 제어하는 일종의 지휘본부command center가 존재한다는 것도 확인했다.

전형적인 영국인 박물학자답게 다윈은 가장 중요한 내용을 나중에 언급하는 서술방식을 선호했다. 논란이 되고 있는 주제에 대해 다양한 논거와 사례를 열거한다음, 맨 마지막 단락에 가서 간단명료한 결론을 제시하는 것이 그의 주특기였다. 이 같은 다윈의 성격이 잘 드러난 곳은 뭐니 뭐니 해도《종의 기원》의 에필로그 부분이다.

> 이러한 생명관view of life에는 장엄함이 깃들어 있다. 수많은 능력을 가진 생물도 처음에는 단순한 형태에서 출발했다. 조물주는 하나 또는 몇 가지 형태의 생물들을 빚어 생기를 불어넣었다. 지구는 중력이라는 고정된 법칙에 따라 순환하지만, 생물은 단순한 형태에서 출발하여 가장 아름답고 경이로운 형태로 무한히 진화해왔다. 진화는 지금도 진행되고 있다.

《식물의 운동력》의 마지막 단락에서, 다윈은 '식물의 뿌리에는 하등동물의 뇌와 비슷한 것이 들어 있다'는 자신의 믿음을 명백하게 드러냈다(이것은 매우 중요한 주장이므로, 5장에서 다시 논의할 것이다). 사실, 하나의 식물은 수천 개의 근단root tip을 갖고 있으며 각각의 근단에는 독자적인 컴퓨팅센터computing center가 존재한다. 악의적인 비판자들을 포함한 이 책의 모든 독자들은 내가 여기서 '뇌' 대신 '컴퓨팅센터'라는 말을 사용한 것에 주목하기 바란다.

여기서 분명히 말해두지만 다윈 이후 어느 누구도 식물의 뿌리에 인간처럼 호두같이 생긴 뇌가 들어 있다고 생각하거나 말한 적이 없다. 만약 식물이 그런 뇌를 갖고 있다면 지난 수천 년 동안 인간의 눈에 띄지 않았을 리가 없다. 그 대신 과학자들은 '식물의 근단에는 일종의 뇌 유사체analog가 존재하고 있어서 동물의 뇌와 동일한 기능을 수행할 것'이라는 가설을 제시해왔다. 이 얼마나 놀라운 가설인가?

다윈의 주장은 매우 중요한 의미를 담고 있었지만, 그는 특유의 신중한 성격 탓에 더 이상의 언급을 회피했다.《식물의 운동력》을 발간했을 때 다윈은 이미 연로한 나이였다. 그는 식물이 지능적 생물임을 확신하고 있었지만 그렇게 말했다가는 비판자들이 벌떼처럼 일어나 연구를 엉망으로 만들까 봐 우려하고 있었다. 그렇잖아도 그는 이미 진화론을 방어하느라 부담을 느끼고 있던 터였다. 그래서 그는 식물의 지능에 관한 연구를 다른 과학자들, 특히 아들 프랜시스에게 넘겼다.

아버지의 아이디어와 연구에 크게 영향을 받은 프랜시스 다윈(1848-1925)은 아버지의 기대를 저버리지 않고 세계 최고의 식물생리학plant physiology 교수 중 한 명이 되어 영어권 최초의 논문을 발표했다. 19세기 말까지만 해도 식물과 생리학은 마치 기름과 물처럼 전혀 어울리지 않는 조합으로 여겨졌다. 그러나 아버지 곁에서 다년간 식물의 특징과 행동을 연구해온 프랜시스는 식물의 지능을 확신하고 있었다.

아버지의 그늘을 벗어나 어느덧 세계적인 과학자로 성장한 프랜시스는, 1908년 9월 2일 영국 과학진흥협회 연례회의에서 첫 번째 발표자로 나섰다. 그는 좌중을 한 번 둘러보고 심호흡을 한 뒤 "식물은 지능적 존재다"라고 선언했다. 당초 예상했던 대로 엄청난 후폭풍에 시달렸지만, 그는 주장을 굽히지 않았고 같은 해에 30쪽짜리 논문을 〈사이언스Science〉에 기고했다.

그의 주장은 엄청난 센세이션을 일으켰다. 과학자들은 두 패로 갈려 치열한 논쟁을 벌였고, 전 세계 신문들은 이 논란을 대문짝만하게 보도했다. 한쪽에서는 프랜시스가 내민 증거에 설득당해 식물의 지능을 인정했고, 다른 한쪽에서는 '어림 반 푼어치도 없는 소리'라고 일축했다. 고대 그리스 시대에 아리스토텔레스 학파와 데모크리토스 학파 간에 벌어졌던 논쟁이 재연된 것이다.

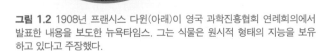

그림 1.2 1908년 프랜시스 다윈(아래)이 영국 과학진흥협회 연례회의에서 발표한 내용을 보도한 뉴욕타임스. 그는 식물은 원시적 형태의 지능을 보유하고 있다고 주장했다.

매혹하는 식물의 뇌

논쟁이 일어나기 몇 년 전, 찰스 다윈은 이탈리아의 리구리아에 사는 식물학자 한 명과 매우 뜻깊은 서신을 주고받았다. 그는 나폴리식물원의 원장을 맡고 있었던 페데리코 델피노로, 당대 최고의 박물학자로서 식물학의 창시자로 추앙받을 자격이 충분하지만 안타깝게도 지금은 사람들의 뇌리에서 사라진 인물이다. 델피노는 다윈과 주고받은 서신을 통해 식물의 지능을 확신하고, 현장실험을 통해 식물의 능력을 연구하는 데 인생을 바쳤다. 그가 오랜 기간 동안 집중적으로 연구한 주제는 식물과 개미의 공생관계myrmecophilia였다(myrmecophilia는 그리스어에서 유래하며, '개미'를 뜻하는 murmex와 '친구'를 뜻하는 philos를 합친 말이다).

　　대부분의 식물들은 꽃에서 꿀을 생성하는데, 그 목적은 곤충들을 유인하여 꽃가루를 실어 나르게 하기 위함이다. 그런데 찰스 다윈은 많은 식물들이 꽃 말고도 다른 부위(화외밀선extrafloral nectary)에서 당밀을 생성한다는 점을 잘 알고 있었다. 또한 관찰을 통해 개미가 달콤한 당밀을 찾아 구름처럼 몰려든다는 사실도 알고 있었다. 그러나 그는 식물과 개미의 공생관계를 면밀히 연구한 적은 없었고, 화외밀선이 식물의 노폐물 제거에 필수적일 것이라고 확신하고 있었다.

　　그런데 델피노의 생각은 완전히 달랐다. 그는 '천하의 다윈'에게 감히 다음과 같은 의문을 제기했다. "꿀과 당밀은 식물이 큰 대가를 치르고 만들어내는 고에너지 물질이다. 그렇다면 식물이 애써 만든 당밀을 그냥 버릴 리

가 없다. 거기에는 필시 무슨 내막이 있을 것이다. 죽 쒀서
개 줄 일 있는가?"

델피노는 개미에 대한 관찰로부터 시작하여, 개
미와 공생하는 식물들은 화외밀선에서 당밀을 분비함으로
써 개미를 노골적으로 끌어들여 그들을 방패막이로 이용
한다는 결론에 도달했다. 즉, 개미는 식물이 제공하는 맛있
는 식량을 배불리 먹고, 그 대가로 식물을 초식곤충들로부
터 보호해준다는 것이다. 누구나 한번쯤은 나무나 식물에
아무 생각 없이 기대서 있다가 작은 벌목곤충hymenoptera의
거침없는 공격에 혼쭐난 경험이 있을 것이다. 숙주식물의
안위를 위협할 만한 사태가 발생하면 개미는 즉시 달려와
전열을 갖추고 적을 포위하여 격퇴한다. 이러한 행위가 숙
주식물과 개미 양쪽 모두에게 이롭다는 점을 부인할 사람
은 아무도 없을 것이다.

곤충학자들에 의하면 개미는 식량공급원을 보호
하기 위해 매우 영리한 행동을 한다고 한다. 그러나 식물
학자들이 보기에 그건 절반의 진실일 뿐이다. 개미의 지능
에 감동하는 사람들은 많지만 식물도 그에 못지 않게 영리
하고 합목적적임을 알고 있는 사람들은 별로 없다. 식물이
꽃 이외의 장소에서 당밀을 분비하는 것은 강력한 보디가
드를 고용하기 위한 고도의 전략임을 명심하라. 식물은 그
리 허술하지 않다.

5. 언제나 뒷전이었던 식물

수십 년 전 식물실험에서 발견된 엄청난 과학적 사실들이 오늘날 동물실험에서 확인된다는 것은 결코 놀랄 일이 아니다. '식물계에 한정된다'고 무시당하거나 과소평가되어왔던 기본적인 생명현상들이 동물계에서도 발견되는 순간 갑자기 유명세를 타는 일도 비일비재하다.

그레고르 요한 멘델(1822-1884)이 완두콩을 이용하여 수행한 실험만 해도 그렇다. 이 실험은 유전학의 효시였지만, 멘델의 결론은 동물실험을 통해 최초의 유전학 붐이 시작되기 전까지 40년간 거의 완전히 무시되었다. 바버라 매클린톡에게 1983년 노벨상을 안겨준 유전체 불안정성genomic lability의 경우도 마찬가지다. 매클린톡이 실험을 통해 반대증거를 내놓을 때까지 과학계를 지배하던 통념은 '유전체는 고정되어 있으며 생물의 일생 동안 변화하지 않는다'는 것이었다. 유전체의 안정성은 아무도 넘보지 못하던 과학계의 도그마였다. 하지만 1940년대에 수행한 일련의 옥수수 실험을 통해 매클린톡은 유전체의 안정성이 신성불가침한 원칙이 아님을 입증했다.

매클린톡은 매우 중요한 발견을 했음에도 불구하고 자그마치 40여 년이 지난 후에야 노벨상을 받았다. 그 이유는 뭘까? 간단하다. 그건 그녀의 결론이 식물실험을 통해 얻은 결과였기 때문이다. 그녀는 학계의 정통이론과 배치되는 연구결과를 내놓았다는 이유로 오랫동안 과학계에서 따돌림을 받았다. 그러나 1980년대에 들어와 실시된 동물실험에서 동일한 결론이 나오자, 그제서야 노벨생리의학상을 단독 수상함으로써 공로를 인정받았다.

식물에서 발견된 것이 나중에 동물에서 재발견됨으로써 뒤늦게 중요성을 인정받은 사례는 또 있다. 세포의 발견이 그랬고 RNA 간섭RNA interference(RNAi)도 그랬다. RNAi는 2006년 앤드루 파이어와 크레이그 C. 멜로에게 노벨상을 안겨줬지만, 사실은 그보다 20년 전 리처드 요르겐센이 페츄니아라는 식물에서 발견했던 것이었다. 파이어와 멜로는 요르겐센의 발견을 동물(예쁜 꼬마선충)에서 재발견한 것뿐이다. 하지만 매클린톡의 경우와는 달리 요르겐센은 노벨상을 받지는 못했다.

그 밖에도 많은 사례들이 있지만 기본적인 스토리는 같다. 식물은 동물에 밀려 언제나 찬밥 신세를 면치 못했다. 오늘날 과학자들은 윤리 문제를 야기하지 않는다든가 동물과 생리가 비슷하다는 이유로 식물을 실험에 사용한다. 그러나 식물을 실험실에서 함부로 다뤄도 윤리적으로 아무런 문제가 없을까? 나는 독자들이 이 책을 다 읽고 나서 이에 대해 다시 생각해보기를 바란다.

지금까지 살펴본 바와 같이, 현재와 같은 상황이 벌어진 것은 서구문화의 밑바탕에 깊숙이 깔려 있는 편견의 결과라고 할 수 있다. 우리의 현재와 미래가 식물에 전적으로 의존하고 있음에도 불구하고 식물은 늘 과소평가되어왔다. 일반인은 물론 예술가와 철학자도 식물을 가장 열등한 생물로 간주해왔다.

심지어 객관성을 중시하는 과학에서조차 식물은 동물에 부당하게 종속되어왔다. 이러한 종속의 사슬이 끊어지는 날, 과학자들은 식물과 동물의 유사점보다는 차이점에 더 주목하게 될 것이다. '식물을 연구하면 과학상을 받을 수 없으므로, 동물을 연구해야 한다'는 생각에서 벗어나, 식물을 새롭고 매력적인 연구대상으로 여기게 될 것이다.

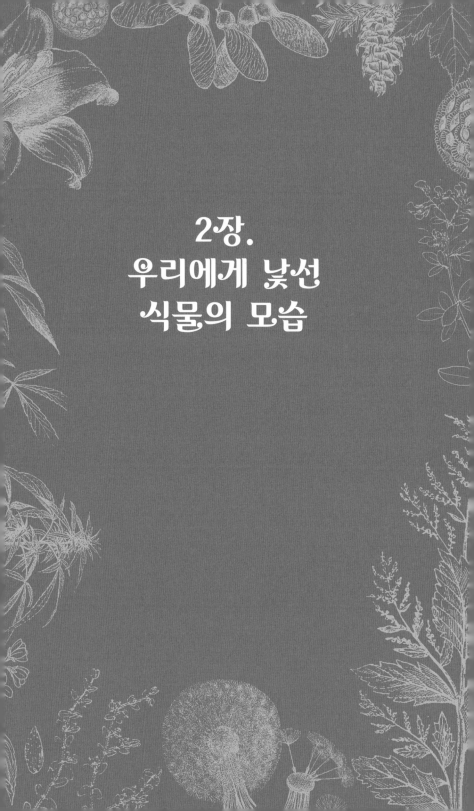

2장.
우리에게 낯선
식물의 모습

자연을 깊이 들여다보면 모든 것을 더 잘 이해할 수 있을 것이다Look

deep into nature, and then you will understand everything better.

- 알버트 아인슈타인Albert Einstein

인간은 20만 년 전 지구상에 처음 나타난 이후 줄곧 식물과 함께 살아왔다. 20만 년을 함께 살았다면 상대방의 성격과 특징을 속속들이 알 법도 하지만, 우리는 식물에 대해 아는 것이 별로 없다. 식물에 대한 우리의 생각은 최초의 호모 사피엔스와 별반 다를 것이 없는 것이다.

　　간단한 예를 하나 들어보자. 우리는 동물, 예컨대 고양이에 대해 제법 많은 것을 알고 있다. 고양이는 깔끔하고 영리하고, 사랑스럽고 사교적이고 유연하며, 민첩하고 기회를 잘 포착한다. 그러나 식물, 예컨대 참나무에 대해 생각해보자. 당신은 참나무에 대해 무엇을 알고 있는가? 크고 그늘을 드리우고 울퉁불퉁하고 향기롭다고? 그밖에 다른 건 없는가?

　　당신이 추가할 수 있는 것은 고작해야 미적 특징과 유용성 정도일 것이다. 고양이를 보고 사교적이거나 개인주의적이라고 하는 사람은 있어도, 참나무를 보고 이렇게 말하는 사람은 없다. 또 참나무를 영리하다고 하는 사람도 없을 뿐 아니라, 사랑스럽다고 하는 사람은 더더욱 없다.

　　그러나 한번 생각해보라. 하나의 생명체가 영리하지 않거나 사교성이 없었다면, 오랜 진화과정을 거쳐 지금까지 살아남을 수 있었겠는가? 만약 식물이 환경변화에 제대로 대처하지 못했다면 일찌감치 멸종하여 지구상에서 사라졌을 것이다.

　　구태여 오래된 진화사를 들춰낼 필요도 없다. 지

난 수십 년 동안 과학자들은 식물이 감정을 갖고 있고 복잡한 사회관계를 맺으며 자기들끼리는 물론 동물과도 의사소통을 할 수 있다는 증거를 하나둘씩 제시해왔다. 나는 지금부터 독자들에게 이 모든 증거들을 하나도 빠짐없이 공개할 것이다.

1. 유글레나와 짚신벌레

우리 인간들은 왜 이제껏 식물을 단순한 원재료, 식자재, 인테리어 재료로만 생각해왔을까? 우리가 식물에 대한 피상적 평가에서 벗어나는 것을 가로막는 요인은 도대체 뭘까? 1장에서 언급한 문화적 요인 외에 식물세계를 바라보는 우리의 시각에 영향을 미치는 요인에는 두 가지가 더 있다. 하나는 진화적 요인이고, 다른 하나는 시간적 요인이다.

진화적 요인이 식물세계를 바라보는 시각에 미친 영향을 알아보기 위해 먼저 진화의 개념에 대해 생각해보기로 하자. 진화란 '생물이 환경에 서서히 연속적으로 적응해가며 생존에 가장 적합한 형질을 발달시키는 과정'을 의미한다. 모든 종種들은 서식환경에 적응하도록 진화하는 과정에서 점차적으로 특정한 형질과 능력을 획득하거나 상실한다. 물론 진화는 장구한 세월에 걸쳐 조금씩 일어나지만 최초의 모습과 최종적인 모습 사이에는 커다란 차이가 존재한다.

　　우리가 동물과 식물을 차별하는 것은 기본적으로 진화 때문이며, 오늘날 식물계를 깊이 이해하는 데 어려움을 겪는 것도 역시 진화가 걸림돌로 작용하고 있기 때문이다. 이 문제를 좀 더 자세히 살펴보려면 잠시 한걸음 뒤로 물러서야 한다. 우리는 지구상에 최초로 나타난 단세포생물이 조류algae라는 사실을 알고 있다. 조류는 식물에 속하는데 광합성을 통해 산소를 생성함으로써 지구 전체에 생명을 퍼뜨린 일등공신이었다.

　　조류는 진핵생물eukaryote과 동물세포의 탄생에도 기여했다. 그런데 우리가 흔히 생각하는 것과는 달리 최초의 식물세포는 동물세포와 크게 다르지 않았다(사실은 오늘날의 식물세포도 동물세포와 별반 다르지 않다). 물론 식물세포와 동물세포 사이에는 몇 가지 뚜렷하게 눈에 띄는 차이점이 있다. 첫째, 식물세포는 세포벽cell wall에 둘러싸여 있어 동물세포보다 더 견고하다. 둘째, 식물세포는 광합성을 하기 위한 엽록체chloroplast라는 소기관organelle을 갖고 있다. 하지만 이 두 가지 차이점을 논외로 하면 식물세포와 동물세포는 매우 유사하다.

　　참고로 단세포생물인 짚신벌레와 유글레나를 비교해보자. 짚신벌레는 동물의 특성을, 유글레나는 식물의 특성을 가졌다. 그런데 짚신벌레가 유글레나보다 더 복잡

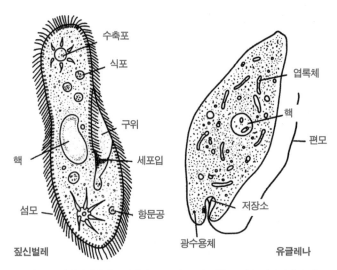

그림 2.1 짚신벌레와 유글레나의 구조 비교. 두 생물은 매우 비슷하지만, 유글레나는 원시적 형태의 눈(안점眼點)을 갖고 있어서 빛을 감지할 수 있다.

하다거나 더 진화되었다고, 즉 '우월하다'고 말할 수 있을까? (짚신벌레가 오늘날 다른 원생동물protozoa들과 함께 원생생물protist로 분류되는 점을 생각하면, 이것들을 동물이라고 부르는 데 이의를 제기하는 독자들이 있을지도 모르겠다. 그러나 몇 년 전까지만 해도 짚신벌레는 동물로 간주되었었다. 원생동물을 의미하는 protozoa는 그리스어에서 유래한 말로, '최초'를 뜻하는 protos와 '동물'을 뜻하는 zoon의 합성어이다.)

짚신벌레는 매우 작은 단세포동물로 몸 전체가 섬모cilium로 둘러싸여 있다. 짚신벌레는 섬모를 노oar처럼 사용하여 물속을 자유자재로 헤엄쳐 다닌다. 짚신벌레를 현미경으로 들여다보면 당신은 그 우아한 몸놀림에 찬

탄을 금치 못할 것이다. 단세포동물임에도 불구하고 그렇게 뛰어난 운동능력을 가졌다는 것은 정말로 놀라운 일이다. 짚신벌레는 생물계의 진정한 챔피언이다. 허버트 스펜서 제닝스(1868-1947)는 1906년 발간한 《하등생물의 행동》에서 또 다른 단세포동물에 대해서 언급했다. 그는 포식성 아메바predatory amoeba가 지능을 보유하고 있을지도 모른다고 말하며, 만약 아메바의 크기가 고래만 할 경우 사람을 위협할 수도 있을 거라고 했다.

그러나 유글레나도 결코 만만치 않다. 유글레나는 매우 작은 단세포 녹조류의 일종으로 원생생물로 분류되기는 하지만 분명히 식물의 속성을 갖고 있다. 유글레나를 현미경으로 들여다보고 그렇게 단순한 생물이 비범한 능력을 갖고 있음을 두 눈으로 직접 확인해보라. 우리가 식물세계에 대해 갖고 있는 뿌리 깊은 편견을 떨쳐버리는 데 도움이 될 것이다.

내친 김에 짚신벌레와 유글레나 중 어느 쪽이 우수한지 양단간에 결판을 내기로 하자. 첫째, 짚신벌레는 먹이의 위치를 파악하고 먹이를 획득하기 위해 그리로 이동할 수 있다. 유글레나는 어떨까? 유글레나는 엽록체를 보유하고 있으므로 다른 식물들과 마찬가지로 광합성을 통해 에너지를 얻는다고 생각하기 쉽다. 그러나 그건 평상시의 이야기고 비상시가 되면 사정이 달라진다. 빛이 부족할경우 유글레나는 포식자로 변신하여 동물처럼 행동한다. 그리하여 먹이가 있는 곳을 찾아내 그곳으로 이동한다. 다시 말해서 유글레나는 식물임에도 불구하고 움직일 수 있다. 사실 유글레나는 매우 가느다란 편모를 이용하여 헤엄을 친다. 1라운드에서는 어느 한쪽이 확실히 우세하다고 보기 힘들므로 무승부라고 해두자.

둘째, 짚신벌레의 몸은 수천 개의 섬모로 뒤덮여 있다. 각각의 섬모는 축사axoneme와 그것을 둘러싼 막膜으로 구성되어 있다. 축사는 미세관microtubule과 관련 구조체로 구성되어 있으며, 노젓기의 추진력은 미세관 말단에 붙어 있는 디네인dynein에서 나온다. 축사를 둘러싼 막은 원형질막의 연장이며 그 속에는 수용체와 이온채널이 포함되어 있다. 여기에 특정 양이온, 유기방충제, 기계적 자극, 열을 가하면 탈분극depolarization이 일어나 Ca^{2+}의 활동전위가 발생한다. 축사 안으로 칼슘이온이 유입되면 유리 칼슘free calcium의 농도가 증가하고 칼슘농도 상승은 축사의 움직임을 가속화하여 섬모의 각도를 바꾼다. 활동전위가 가라앉으면 시스템은 정상으로 복귀하고 칼슘펌프에 의해 칼슘이온은 제거된다.

지금까지 설명한 짚신벌레 섬모의 작동원리는 마치 뉴런의 작용을 연상시킨다. 과학자들이 짚신벌레를 '헤엄치는 뉴런swimming neuron'이라고 부르는 것은 바로 이 때문이다. 그러나 수용체와 이온채널 등을 통해 전기자극이 전달되는 것은 유글레나의 편모도 마찬가지다. 그러므로 짚신벌레와 유글레나의 2라운드 경기 역시 무승부라고 해야 할 것이다.

그렇다면 짚신벌레와 유글레나의 능력이 똑같다고 할 수 있을까? 단세포동물과 단세포식물의 시합은 2 대 2 무승부로 끝나고 마는 것일까? 전혀 그렇지 않다. 유글레나는 경쟁자를 완전히 물리칠 수 있는 비장의 무기를 하나 갖고 있는데, 그것은 바로 안점眼點이다. 유글레나는 광합성 능력을 향상시키기 위해 원시적 형태의 시각을 발달시켰다. 그리고 빛을 감지하여 광합성 하기에 가장 좋은 위치를 찾아낸다.

　　이처럼 유글레나는 짚신벌레가 하는 일을 뭐든 다 할 수 있을 뿐만 아니라, 덤으로 시각을 보유하고 있으며 태양에너지를 자신의 에너지로 전환할 수 있다. 그럼에도 불구하고 아무도 유글레나를 '헤엄치는 뉴런' 등의 멋진 별명으로 부르지 않는 이유는 뭘까? 그건 단 하나, 유글레나가 식물의 속성을 지니고 있기 때문이다. 사람들은 어째서 '식물세포가 동물세포보다 더 뛰어난 능력을 갖고 있다'는 과학적 증거를 무시하고, 동물세포 편만 드는 걸까? 도무지 알다가도 모를 일이다.

2. 진화의 갈림길

    이제부터 진화적 요인이 식물세계를 바라보는 시각에 미친 영향을 본격적으로 알아보기로 하자. 그러려면 지금으로부터 약 5억 년 전, 식물과 동물이 분리되던 시점으로 거슬러 올라가야 한다. 최초의 생명체들은 양 갈래 길 중 하나를 선택해야 했는데, 하나는 고착생활이고 다른 하나는 이동생활이었다. 전자를 택한 생명체들은 식물의 조상이 되었고, 후자를 택한 생명체들은 동물의 조상이 되었다. (흥미로운 것은 까마득히 먼 훗날 인간들이 정착생활을 택함으로써 최초의 거대문명을 탄생시켰다는 것이다.)

    고착생활을 택한 식물은 살기 위해 땅, 공기, 태양으로부터 모든 것을 얻어내는 능력을 진화시켰다. 이에 반해 동물은 식물이나 다른 동물을 잡아먹어야 했으므로 달리기, 날기, 수영 등과 같은 다양한 운동능력을 발달시켰다. 이런 점에서 식물을 독립영양생물autotroph, 동물을 종속영양생물heterotroph이라고 부른다. (autotroph와 heterotroph는 모두 그리스어에서 유래한다. 전자는 '자기'를 뜻하는 autos와 '먹이'를 뜻하는 trophe의 합성어이며, 후자는 '타인'을 뜻하는 heteros와 '먹이'를 뜻하는 trophe의 합성어다.)

　　　세대가 바뀔수록 동물과 식물의 차이는 점점 더 벌어져 생활방식은 물론 신체구조까지 달라졌다. 그러다 보니 동물과 식물은 각각 생태계의 양과 음, 또는 백과 흑으로 간주되는 지경에 이르렀다. 즉 식물은 고정되어 있지만 동물은 움직이고, 식물은 수동적이지만 동물은 능동적이고, 동물은 빠르지만 식물은 느리다는 고정관념이 자리 잡았다. 우리는 이 같은 대조쌍을 수십 가지 이상 나열할 수 있다. 그러나 이 모든 것들은 하나의 사실에서 기인한다. 그것은 지난 5억 년 동안 식물계와 동물계가 완전히 다른 방향으로 진화해왔다는 점이다.

3. 식물은 하나의 군집이다

고착생활을 하는 식물은 동물의 먹이가 될 수밖에 없어 외부의 공격에 소극적으로 저항하는 방법을 개발해냈다. 그것은 바로 모듈성modularity이다. 식물의 몸은 여러 개의 모듈로 구성되어 있다. 그중에서 어느 것 하나 중요하지 않은 건 없지만, 그렇다고 해서 완전히 필수불가결한 것도 없다. 이러한 모듈 구조는 동물이 흉내 낼 수 없는 커다란 장점이라고 할 수 있다.

특히 지구상에 수많은 초식동물들이 존재하며, 그들의 어마어마한 식성에서 벗어나기란 사실상 불가능하다는 점을 감안하면 더더욱 그렇다. 모듈화된 조직의 첫 번째 이점은 몸의 일부분을 초식동물에게 뜯어 먹혀도 생명에 지장이 없을 뿐 아니라, 마치 아무 일도 없었다는 듯이 살아갈 수 있다는 것이다. 포식자의 공격에 신체 일부를 잃어도 끄떡없이 살아갈 수 있는 동물이 과연 몇이나 되겠는가?

앞으로 자세히 살펴보겠지만 식물의 생리학은 동물과 다른 원리에 기반을 두고 있다. 동물은 거의 모든 필수기능을 뇌, 폐, 위장 등의 장기에 집중시키도록 진화했지만, 식물은 동물의 먹이가 되기 쉬운 점을 고려하여 집중화전략을 지양止揚했다. 그건 도둑을 피하기 위해 돈을 여러 곳에 보관하거나 투자위험을 경감하기 위해 포트폴리오를 구성하는 것과 마찬가지다. 한마디로, 식물은 매우 영리한 선택을 했다고 할 수 있다.

식물의 기능은 장기와 관련이 없다. 즉 식물은 폐가 없어도 숨을 쉴 수 있고, 입이나 위장이 없어도 영양분을 섭취할 수 있으며, 골격이 없어도 곧게 서 있을 수 있다. 심지어 뇌가 없어도 의사결정을 내릴 수 있다. 이처럼 매우 특별한 생리 때문에 식물은 몸의 상당 부분을 잃어도 생명에 지장이 없다. 어떤 식물은 몸의 90~95퍼센트를 뜯어 먹혀도 살아남은 부분에서 줄기와 잎이 돋아나와 원상을 회복한다. 수많은 소들이 풀을 뜯는 목장을 생각해보라. 며칠 후면 다시 풀이 돋아나지 않는가? 이러한 현상을 경험하기 위해 굳이 초식동물이 될 필요는 없다. 담쟁이덩굴, 메꽃, 심지어 정원의 잔디를 깎아본 사람이라면 내 말이 무슨 뜻인지 잘 알 것이다.

식물은 포식자의 공격에 무방비로 노출된다는 고착생활의 문제점을 해결하기 위한 전략으로 모듈성을 선택했다. 포식자의 공격을 견뎌내는 데 모듈성(또는 가분성divis-ibility)만큼 좋은 것은 없다. 이에 반해 동물은 처음부터 이동생활을 선택했으므로 재생능력을 진화시키지 않았다. 물론 몇 가지 예외는 있다. 도마뱀의 경우 꼬리가 잘려도 재생할 수 있다. 하지만 팔, 다리, 머리는 한번 잘리면 그걸로 끝이다.

　　하지만 식물의 경우에는 이야기가 다르다. 일부를 절단한다고 해도 단지 생명을 유지하는 정도가 아니라 때로는 (가지치기pruning의 효과 때문에) 더욱 번성하는 경우도 있다. 식물이 이렇게 할 수 있는 것은 동물과 매우 다른 신체구조를 지녔기 때문이다. 식물은 반복되는 모듈로 구성되어 있다. 식물의 가지, 줄기, 잎, 뿌리는 모두 매우 간단한 모듈의 집합체로, 다른 모듈과 독립적으로 몸체에 부착되어 있다. 마치 레고 블럭처럼 말이다.

　　당신의 테라스에 놓여 있는 제라늄을 들여다보면 내 말이 믿기지 않을 것이다. 그것은 마치 독특한 자태를 뽐내는 하나의 개체처럼 보일 것이다. 그러나 제라늄의 일부를 잘라내어 다시 심어보라. 그것은 뿌리를 내리고 새로운 개체로 자라날 것이다. 인간의 팔이나 코끼리의 발이 몸에서 떨어져나갈 경우, 전신을 재생해내는 것은 고사하고 싱싱한 상태를 유지하는 것도 불가능하다.

　　우리가 우리 자신을 개인individual이라고 부르는 건 결코 우연이 아니다. 라틴어에서 유래한 individual은 '아님'을 의미하는 in과 '나눌 수 있음'을 의미하는 dividuus의 합성어다. 즉 우리의 몸은 나눌 수가 없으므로, 몸이 두 동강 날 경우 각각의 반쪽은 독자적으로 생존하지 못하고 죽게 된다. 그러나 식물은 두 동강 낼 경우에도 각각의 반쪽이 독자적으로 생존할 수 있다. 왜냐하면 식물은 불가분한 개체가 아니기 때문이다. 사실 나무나 선인장이나 관목 등을 하나의 인간이나 동물과 비교하는 것은 어폐가 있다. 왜냐하면 각각의 식물은 하나의 '개체'가 아니라 '군집'이기 때문이다. 나무는 '한 마리의 동물'보다는 '벌떼나 개미떼와 같은 군집'으로 묘사하는 것이 더 적절하다.

이상과 같은 관점에서 본다면, 식물은 매우 오래 전에 진화했음에도 불구하고 매우 현대적인 전략전술을 채택했다고 할 수 있다. 요즘 인터넷과 SNS의 등장으로 인해 주목받고 있는 신기술 중 상당수는 소위 창발성emergent property이라는 개념을 밑바탕에 깔고 있다.

창발성은 초유기체superorganism나 무리지성swarm intelligence의 전형적 특징이다. 즉, 집단 전체가 마치 벌떼나 개미떼처럼 하나의 군락을 형성하여 집단지성collective intelligence을 발휘함으로써 생겨나는 것이지, 구성원들이 제각기 독립적으로 노력한다고 해서 생겨나는 것이 아니다. 집단지성은 개체의 지성을 산술적으로 합친 것보다 우수한 능력을 발휘한다. 식물의 이 같은 행동에 대해서는 5장에서 식물의 지능을 설명할 때 자세히 언급할 것이다.

4. 식물은 느려도 너무 느리다

우리가 식물의 진가를 몰라보는 두 번째 이유는 시간척도time scale가 다르기 때문이다.

주지하는 바와 같이 생물의 평균 수명은 종에 따라 크게 다르다. 인간은 약 여든 살까지 살고 일벌은 두 달 남짓 살며, 코끼리거북은 백 년 넘게 산다. 게다가 동물들은 생활주기life cycle가 제각기 다르다. 어떤 동물은 겨울잠을 자고, 어떤 동물은 운동 및 번식 속도가 인간보다 훨씬 더 빠르거나 느리다. 그럼에도 불구하고 우리는 우리와 전혀 다른 시간척도를 가진 세계가 존재한다는 사실을 깨닫지 못한다. 인간의 시간척도보다 훨씬 더 느리게 전개되는 사건이 있다면 우리의 시각에 포착되지 않으므로 인식이 불가능할 것이다.

단도직입적으로 말해서 인간은 빠르고 식물은 느

리다. 식물은 그냥 느린 것이 아니라 너무 느려서 우리의 지각능력으로 포착할 수가 없다. 예컨대 우리는 식물이 빛을 포착하거나 위험을 피하기 위해, 또는 덩굴식물의 경우 지지체를 찾기 위해 움직인다는 사실을 잘 알고 있다. 지난 수십 년 동안 현대 사진 및 영화 기술이 비약적으로 발달한 덕분에 과학자들은 식물의 운동과정을 재구성할 수 있게 되었다(찰스 다윈은 일찌감치 식물의 운동에 대해 언급하고, 이를 증명한 바 있다). 오늘날 인터넷을 검색해보면 꽃이 피는 과정이나 새싹이 돋아나는 과정을 촬영한 동영상을 얼마든지 감상할 수 있다. 그러나 우리의 지각능력으로는 식물이 움직이는 장면을 포착할 수 없다.

우리는 동영상을 보고 흠칫 놀라 '식물세계에도 운동이 존재한다'는 사실을 깨닫게 되지만, 우리의 잠재의식 속에 내재한 오랜 편견을 떨쳐버리지는 못한다. 우리는 은연중에 식물이 동물보다는 광물에 더 가깝다는 생각을 품고 있다. 우리의 감각이 식물의 움직임을 감지하지 못하므로, 우리는 식물을 무생물처럼 취급한다. 우리는 식물이 성장한다는 것을 '머리로' 알고 있지만, '마음으로' 받아들이지는 못하는 듯하다. 식물의 움직임이 눈에 보이지 않는다는 이유 하나만으로 식물을 정지한 물체로 간주하고 있는 것이다.

그러나 우리가 아무리 부인해도 팩트가 바뀌는 건 아니다. 고도로 발달한 과학기술 덕분에 오늘날에는 직접 보고 들은 바가 아니더라도 사실로 인정되는 것들이 많다. TV, 휴대전화, 컴퓨터의 작동원리를 아는 사람은 별로 없지만, 작동방식을 직접 확인하지 않았다는 이유로 그 기술적 특징을 과소평가하는 이는 아무도 없다. 과학자들은 복잡한 도구를 이용하여 우주의 구조와 물질의 구성을 연구하는데, 그 도구들을 믿을 수 없다는 이유로 우주와 원자 구조의 복잡성을 부인하는 사람은 없다. 물론 그 과정에서 교육이 중요한 역할을 하지만 말이다.

그렇다면 우리가 유독 식물의 경우에만 보이지 않으니 믿을 수 없다고 생떼를 쓰는 이유는 뭘까? 일종의 심리적 장벽이 있어서, 시간이 경과함에 따라 본능적 행위를 완화시키는 문화적 중재활동을 방해하는 것은 아닐까? 아마 그럴지도 모른다. 우리와 식물 간의 관계는 태곳적부터 절대적인 의존관계였다. 그런 의미에서 어쩌면 부모와 자식 간의 관계를 연상시키는지도 모른다.

우리는 성장함에 따라 부모에 대한 의존성을 완전히 부정하고 심리적 자율성을 추구하는 단계를 거치게 된다. 청소년기가 그 대표적인 경우다(물론 실제적인 자율성은 그로부터 몇 년 후에 쟁취하게 된다). '인간과 식물 간의 관계'에도 이와 비슷한 심리적 메커니즘이 개입하는 것은 아닐까? 자신이 남에게 의존하고 있다는 사실을 좋아할 사람은 아무도 없다. 의존성이란 약하고 상처받기 쉬운 상태를 나타내므로 아무도 이를 달가워하지 않는다.

사람은 자신이 의존하고 있는 대상에 대해 자신의 자유를 앗아간다는 이유로 원한을 품는 경우가 종종 있다. 간단히 말해서, 우리는 식물에 너무 의존하고 있는 나머지 식물에 종속되어 있다는 느낌에서 벗어나기 위해 안간힘을 쓰는 것이다. 아마도 우리는 '인간이 우주의 지배자'라는 믿음과 자존심에 흠집을 내고 싶지 않아서, 식물이 우리의 생존을 좌우한다는 사실을 인정하지 않으려 하는 것인지도 모른다. 물론 이것은 약간 도발적인 생각이지만 인간과 식물 사이에 존재하는 애증의 관계를 이해하는 데 매우 유용하다.

5. 인간은 식물 없이 살 수 있을까?

생물학적 관점에서 볼 때 식물과 인간 중 누가 더 중요할까? 판단을 하기가 어렵다면 이 질문에 대답하는 가장 쉬운 방법을 알려주겠다. 그것은 바로 식물 또는 인간이 사라지는 각각의 경우에 무슨 일이 일어날지 생각해보는 것이다.

만약 식물이 내일 당장 지구상에서 사라진다면 인간은 몇 주, 길어야 몇 달을 버티지 못할 것이다. 그리고 조만간 모든 고등생물이 자취를 감출 것이다. 이와 반대로 인간이 지구상에서 사라진다면 어떻게 될까? 몇 년 후 식물들이 인간의 거주지를 접수할 것이며, 1세기 안에 모든 문명이 식물로 뒤덮이게 될 것이다. 어떤가, 이 정도면 식물과 인간 중 누가 더 중요한지 판가름 난 것 아닌가?

그럼에도 불구하고 우리는 생물학적 관점에서 볼

때 아리스토텔레스-프톨레마이오스 시대에 사는 것이나 다름없다. 코페르니쿠스 혁명 이전, 사람들은 지구가 우주의 중심이며 모든 천체가 지구를 중심으로 돈다고 믿었다. 이것은 (갈릴레오가 깨고자 노력했던) 철저히 인간중심주의적 생각으로, 대중의 머릿속에서 사라지는 데 수 세기가 걸렸다. 그러나 생물학적 인식에 관한 한, 사람들은 아직도 코페르니쿠스 이전의 믿음에서 벗어나지 못하고 있다. 사람들은 인간이 가장 중요한 생물이며, 모든 것이 인간을 위해 존재한다는 생각에 사로잡혀 있다. 한마디로 인간의 자연의 주인이라는 것이다. 이 얼마나 흥미롭고 가슴 뿌듯한 생각인가! 만약 사실이라면 말이다.

하지만 인간의 상황은 그리 화려하지 않다. 지구의 바이오매스에서 식물이 차지하는 비중은 (추정치에 따라) 99.5~99.9퍼센트라고 한다. 즉, 지구상에 사는 생물의 무게가 모두 100그램이라면, 식물의 무게는 99.5~99.9그램이나 나가는 셈이다. 거꾸로 말하면, 인간을 포함한 모든 동물의 무게를 다 합해도 0.1그램에서 0.5그램에 불과하다는 이야기가 된다.

인간이 나무를 마구 베어내고 있지만 식물은 여전히 생명체의 왕좌에서 내려오지 않고 있다. 우리는 이 사실에 무척 감사해야 한다. 우리가 지구상에 살 수 있는 것은 순전히 식물 덕분이니 말이다.

독자들도 알다시피, 식물은 먹이사슬의 맨 아래에 위치하고 있다. 우리가 먹는 것은 모두 식물이거나, 식물을 먹고 사는 동물(물고기 포함)이다. 그렇다고 해서 인간이 모든 식물을 다 먹는 것은 아니다. 우리가 칼로리 섭취를 위해 주로 먹는 식물은 사탕수수, 옥수수, 쌀, 밀, 감자, 콩이다. 전 세계 사람들은 그 밖에도 몇 가지 식물을 더 먹는데, 이것들을 총칭하여 식용식물food plant이라고 부른다. 식용식물은 인간에게 매우 특별한 생물이다.

식물을 재배하는 것은 동물을 사육하는 것과 약간 비슷하다. 당신은 인간이 먹는 고기가 거의 전적으로 소고기, 닭고기, 돼지고기에 집중되어 있는 이유를 아는가? 사자, 영양, 늑대, 곰, 뱀을 주식主食으로 하는 문화권이 없는 이유는 뭐라고 생각하는가? 이들 짐승의 고기도 소고기나 닭고기에 못지않게 맛있는데도 말이다. 그건 가축화된 동물이 사육하기가 쉽기 때문이다. 곰은 고기는 매우 맛있지만 사육하기가 어렵다.

이와 마찬가지로 집중적으로 재배하는 데 용이한 식물은 몇 가지 안 된다. 식용식물은 많지만 그중 대부분은 진화해온 방식이 특이해서 상업적으로 재배하기 쉽지 않은 것이다. 경작하기 어려운 식물은 호랑이나 곰 같은 야생동물과 마찬가지다. 이와 반대로 개와 비슷한 식물들도 있다. 개는 늑대로부터 진화했지만 자기들끼리 생활하는 것보다 인간과 더불어 사는 것이 더 쉽고 편리하다는 사실을 깨달았다. 그리고 오랜 진화과정을 통해 인간과 개 사이에는 완벽하고 만족스러운 공생관계가 형성되었다. 인간은 개에게 먹이와 잠자리를 제공하고, 개는 그 대가로 인간을 보호하고 수행했다.

어떤 식물들은 말하자면 개와 비슷한 진화전략을 택했다. 인간에게 먹을 것을 제공하는 대신 해충으로부터 보호받고 영양분을 제공받았으며, 무엇보다도 지구 전체에 퍼져나갈 수 있었던 것이다.

식물은 인간에게 식량만을 제공하는 것이 아니다. 산소도 있다. 우리가 들이마시는 산소는 모두 식물이 생성한 것이며, 공기 중에 산소가 없으면 우리는 생명을 유지할 수 없다. 그뿐만이 아니다. 우리가 사용하는 에너지 중 상당 부분이 식물에서 유래한다. 우리는 식물이 지난 수천 년 동안 에너지를 제공해준 것에 감사해야 한다.

지구상에서 사용가능한 에너지 중 상당량은 까마득히 먼 옛날 태양에너지가 화학에너지로 전환된 다음 식물 속에 축적된 것이다. 태양에너지를 화학에너지로 전환하는 과정을 광합성이라고 하는데, 햇빛과 이산화탄소를 원료로 하여 고에너지 분자(당분)를 만든다. 그리고 몇 단계의 변환과정을 거쳐 우리가 사용하는 에너지(장작, 석탄, 석유, 기타 연료)가 생성된다.

20세기 초, 러시아의 식물학자 클리멘트 티미리야제프(1843-1920)는 다음과 같이 썼다. "식물은 지구와 태양을 연결해주는 매개체다." 사실 인간이 사용하는 에너지는 거의 모두 식물에서 나온 것이다. 실질적으로 말해서 화석연료(석탄, 탄화수소, 석유, 가스 등)는 태양에너지가 지하에 축적된 것에 불과하며, 그 에너지는 다양한 지질 시대 동안 식물이 광합성을 통해 생물권biosphere으로 옮겨놓은 것이다. 일부에서는 화석연료를 광물이라고 부르지만 엄밀히 말하면 화석연료는 유기퇴적물이다.

식량과 산소와 에너지에 이어, 마지막으로 의약품이 있다. 사실상 모든 의약품은 식물이 직접 생성한 분자이거나 식물의 화합물에서 힌트를 얻어 인간이 합성한 것이다. 동서양과 선후진국을 막론하고 모든 나라에서 식물은 기본적이고 필수불가결한 의약품 원료로 사용된다. 그러니 식물은 우리의 숭배를 받아 마땅하다.

그런데 식물이 인간의 건강을 증진시키는 방법에는 의약품의 원료를 제공하거나 모델을 제시하는 것만 있는 것이 아니다. 식물 자체가 심신건강에 이로운 경우도 있다. 식물이 산소를 생성하고 이산화탄소와 공해물질을 흡수하며 기후를 조절한다는 것은 예로부터 잘 알려진 사실이다. 그러나 최근의 연구 결과에 따르면 식물은 다른 방법으로도 인간의 건강과 복지에 영향을 미칠 수 있다고 한다. 즉, 식물이 인간의 곁에 있는 것만으로도 스트레스 경감, 주의력 향상, 치유촉진 효과가 나타나는 경우가 있다는 것이다.

식물을 그저 바라보기만 해도 마음이 차분해지고 긴장이 완화되는 경우가 있다. 병원에서 창가에 누워 창밖의 식물을 내다볼 수 있는 환자들은 진통제 사용량이 감소하며 입원기간이 단축되는 것으로 알려져 있다. 많은 북유럽의 병원들이 조경에 신경을 쓰고 환자들의 휴식공간에 꽃과 관상수를 심는 것도 바로 이런 이유 때문이다. 미국의 경우 보스턴 소아병원과 메릴랜드 대학교 부설 재활의학연구소가 이 움직임에 동참하여 환자와 방문객들에게 정원을 개방하고 있다.

식물의 존재가 학생들에게 미치는 영향도 최근 다양한 관점에서 연구되고 있다. 일리노이 대학교의 연구진은 식물이 집중력에 미치는 영향을 연구했다. 그들이 발표한 논문에 의하면 창밖으로 건물이 내다보이는 교실과 식물이 내다보이는 건물에서 (집중력을 요하는) 시험을 치른 경우, 식물이 내다보이는 교실에서 시험을 치른 학생들의 성적이 더 높게 나왔다고 한다.

이것은 대학생들에게만 적용되는 이야기가 아니다. 이탈리아의 연구진에 의하면 초등학교 학생들의 경우에도 식물이 집중력 향상에 도움이 되는 것으로 나타났다고 한다. 더욱이 가로수가 늘어선 거리에서는 사고도 줄어들며 녹지공간이 풍부한 지역에서는 자살과 폭력사건 발생률도 감소한다고 한다.

간단히 말해서, 식물은 우리의 기분, 집중력, 학습, 심신건강에 긍정적 영향을 미친다. 식물은 장기임무를 수행하는 우주비행사들에게도 도움이 되는데, 이는 단지 식물이 식량원이기 때문만이 아니라 긴장완화 효과도 가지고 있기 때문이다. 이런 점을 고려해서 국제우주정거장에는 베지Veggie라고 불리는 재배 시스템을 마련해놓고 로메인 상추를 재배하기도 했다.

식물이 심신건강에 긍정적 효과를 보이는 과학적, 의학적 이유는 아직 완전히 밝혀지지 않았다. 그 이유를 알려면 과거로 한참 거슬러 올라가야 할 것 같다. 우리의 DNA 속에는 식물이 없으면 살 수 없다는 메시지가 아로새겨져 있는 듯하다.

3장.
식물이 세상을
감각하는 방법

신비롭게도, 내게 숲은 정적으로 느껴진 적이 없다. 물리적으로는
내가 숲 속을 지나지만, 본질적으로는 숲이 나를 통과하는 것 같다

In some mysterious way woods have never seemed to me to be static things. In physical

terms, I move through them; yet in metaphysical ones, they seem to move through me.

- 존 파울즈 John Fowles

식물은 눈도 코도 귀도 없다. 그런데 식물이 시각, 후각, 청각, 심지어 미각이나 촉각을 갖고 있다고 상상이나 할 수 있을까? 기존의 문화나 감각이나 관찰의 견지에서는 어림도 없는 일이다.

우리는 지금껏 식물은 놀고먹는다vegetate고 배워왔다. 즉, 우리가 식물에 대해서 아는 것이라고는 제자리에 우두커니 선 채로 광합성을 하고, 종종 새싹을 내밀고, 꽃을 피우고 열매를 맺으며, 그러고 나서는 잎을 떨군다는 정도가 전부였다.

'식물'은 특정 상태의 인간을 묘사하는 접두사로도 사용된다. 즉, 식물인간이란 감각과 운동능력을 상실하고 목숨만 붙어 있는 상태의 사람을 의미한다. 그러나 식물에게 '감각 및 운동능력이 없다'는 꼬리표를 붙이는 것이 과연 정당할까?

1장에서 살펴본 바와 같이, 식물을 감각이 결여된 존재sensory deprived being로 간주하는 생각은 고대 그리스 시대에서 유래한다. 르네상스 시대에도 이런 생각은 전혀 변하지 않았다. 예컨대 카롤루스 보빌루스가 1509년에 발간한《지혜에 대하여》에 수록된 삽화(생물 피라미드Pyramid of Living Things)를 보면, 식물은 느끼거나 생각하지 못하고 그저 존재할 뿐이라고 적혀 있다. 심지어 계몽주의와 과학혁명 시대를 거치면서도 상황은 개선되지 않았다.

그러나 한번 냉정하게 생각해보자. 나는 2장에서 식물의 진화과정을 더듬어보며, 식물은 5억 년 전 선택의 갈림길에서 정착생활을 전략적으로 선택하여 오늘에 이르게 되었다고 말한 바 있다. 한 장소에 정착하여 생활할 경우, 이리저리 이동하며 생활할 때보다 위험부담이 크다는 것은 상식에 속한다. 그런데 식물이 스스로 정착생활을 선택했다면 환경의 위협에 대처하기 위해 후각이나 청각 등의 감각을 개발하지 않았을까? 다시 말해서, 감각이 절실히 필요했던 쪽은 동물보다는 오히려 식물이 아니었을까?

변화하는 환경 속에서 생장·번식하고 자신을 방어하려면 감각이 꼭 필요한데 식물이 그걸 몰랐을 리 없다. 앞으로 차근차근 증거를 제시하겠지만, 결론적으로 말하면 식물도 인간처럼 오감五感을 갖고 있다. 이 감각들은 식물이 독자적으로 개발한 것임에도 불구하고 인간의 감각에 비해 성능이 결코 떨어지지 않는다. 그러나 그게 전부가 아니다. 식물은 그 외에 무려 열다섯 가지 감각을 더 갖고 있으니 말이다.

매혹하는 식물의 뇌

1. 시각

　　식물은 우리를 바라보고 있을까? 만약 바라본다면 무슨 방법으로 바라보는 것일까? 이 질문에 대답하려면 먼저 '본다'는 개념을 정의해야 한다. 식물이 눈eye을 갖고 있지 않은 건 분명하다. 그렇다고 해서 식물이 보지 못한다고 말할 수 있을까?

　　가까운 도서관의 자료열람실 책꽂이에서 사전 몇 권을 뽑아 '시각'이라는 명사를 찾아보라. 그리고 '눈'이라는 단어를 언급한 정의들을 모두 걸러낸 다음 뭐가 남는지를 살펴보라. 아마도 다음과 같은 정의가 남아 있을 것이다. "전문화된 기관을 이용하여 빛, 반짝이는 물체, 시자극visual stimuli을 감지하는 능력 또는 감각."

　　식물은 눈이 없으므로 고전적 의미의 시각을 보유하고 있다고 말할 수는 없다. 그러나 '빛 또는 시자극을

감지한다'는 관점에서 보면 이야기가 완전히 달라진다. 시
각을 이런 식으로 정의한다면 식물은 분명히 시각을 보유
하고 있을 뿐만 아니라, 나름의 방법으로 훌륭하게 발달시
켜왔다고 할 수 있다. 식물은 빛을 받아들여 사용하고 그
양과 질을 인식한다. 식물이 이와 같은 능력을 발달시킨
이유는 단 하나, 광합성을 통해 에너지를 최대한 확보하기
위해서다.

식물의 생활과 행동은 빛을 추구하는 지난한 노
력으로 점철되어 있다. 양지바른 곳에 자리 잡은 식물은
돈을 많이 가진 사람이나 마찬가지다. 이와 반대로 그늘에
쪼그리고 있는 식물은 가난한 사람이나 마찬가지다. 우리
가 늘 돈벌이에 골몰하는 것처럼 식물들도 늘 햇빛 확보에
골몰한다.

우리는 나중에 식물세계 나름의 부귀함 또는 가
난함이 식물의 발육, 행동, 능력, 학습능력에 미치는 영향
을 살펴보게 될 것이다. 어떤가, 우리네 인간과 다를 것이
하나도 없지 않은가?

실내에서든 실외에서든 한 번이라도 식물을 관찰
해본 사람들은 식물이 햇빛을 조금이라도 더 쪼일 요량으
로 그쪽으로 가지를 뻗거나 줄기를 비트는 현상을 목격했
을 것이다. 이것을 생물학 용어로 굴광성phototropism이라고
한다(Phototropism은 그리스어에서 유래하며, '빛'이라는 뜻을 지닌 photo와 '움
직인다'는 뜻을 지닌 trepein의 합성어다). 식물이 굴광성을 보이는 이
유는 충분히 납득할 수 있다. 식물에게 있어서 빛을 확보

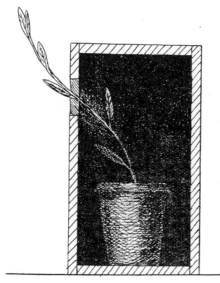

그림 3.1 광원光源을 향해 자라고 있는 식물. 굴광성의 예를 보여준다.

하는 일만큼 시급한 과제는 없으므로 가급적 효과적인 방법으로 빛에 접근하는 방법을 모색하는 것은 당연하기 때문이다.

　　숲 속이나 화분 안에서 두 식물이 가까이 서식하는 경우, 둘 사이에 치열한 햇빛 쟁탈전이 벌어지기도 한다. 키 작은 나무는 키 큰 나무의 그늘에 묻힐 수 있으므로 식물들은 라이벌보다 조금이라도 더 빨리 자라려고 몸부림을 친다. 이런 현상을 그늘탈출escape from shade이라고 부르는데, 독자들은 '탈출'이라는 말이 왠지 식물과 잘 어울리지 않는다고 생각할지도 모른다. 하지만 식물들 간의 햇빛 쟁탈전이 얼마나 치열하고 역동적인지 알게 된다면 생각이 달라질 것이다.

그늘탈출 현상은 육안으로도 충분히 관찰할 수 있어서, 고대 그리스 시대부터 식물의 전형적 행동으로 간주되었다. 그러나 수천 년 동안 알려져 온 익숙한 현상임에도 불구하고 그 본질적 중요성은 늘 무시되거나 과소평가되기 일쑤였다. 그렇다면 그늘탈출 현상의 본질은 무엇일까? '지능'을 '위험을 계산하고 이익을 평가하는 능력'이라고 정의할 경우, 그늘탈출은 식물의 지능이 행위로 표출된 것이라고 볼 수 있다. 그러나 사람들은 식물이 지능을 가졌을 리 없다는 편견에 사로잡힌 나머지 지난 수 세기 동안 진실을 외면해왔다.

생각해보라. 그늘탈출이 일어나는 동안 식물은 라이벌보다 더 크게 자라 햇빛을 더 많이 받으려고 애쓸 것이다. 그러나 신속한 성장을 위해서는 많은 에너지를 소모해야 하므로 경쟁에 지는 경우 맥이 빠져 목숨을 잃을 수도 있다. 이처럼 비용이 많이 들고 불확실한 목표를 위해 에너지와 물질을 투자하는 식물의 모습은 미래를 위해 투자하는 기업가entrepreneur를 연상시킨다.

말이 잠깐 곁가지로 흐른 것 같다. 다시 식물의 시각 문제로 돌아와 생각해보자. 식물은 빛을 어떻게 감지할까? 식물의 몸속에는 광수용체photoreceptor라고 불리는 일련의 화학분자들이 있어서, 광원의 방향과 빛의 품질에 관한 정보를 입수하고 전달한다. 식물은 빛과 그늘을 구별할 뿐 아니라 파장을 측정하여 빛의 질을 평가한다. 이국적인 이름을 가진 광수용체들(피토크롬phytochrome, 크립토크롬cryp-tochrome, 포토트로핀phototropin)이 특정 파장의 빛(적색광, 근적외선, 청색광, 자외선 등)을 흡수하는데, 이 파장들은 식물의 발아·생장·개화에 매우 중요한 역할을 한다.

그런데 식물의 광수용체는 어디에 있을까? 인간의 광수용체인 눈은 단 두 개뿐이며, 이마 아래의 움푹 패인 공간(안와) 속에 들어 있다. 이곳은 진화적 관점에서 볼 때 매우 중요한 위치라고 할 수 있다. 왜냐하면 뇌에 근접하여 뇌와 긴밀한 관계를 유지할 수 있고, 단단한 뼈에 둘러싸여 있어 외부의 공격에서 보호받을 수 있으며, 높은 곳에 위치해 양호한 전망과 넓은 시야를 확보할 수 있기 때문이다. 그러나 식물의 경우에는 사정이 완전히 다르다. 2장에서 언급한 바와 같이 식물은 고착생활을 하는 관계로 초식동물에게 일격을 당할 경우 치명상을 입을 수 있다. 따라서 식물은 신체기능을 한 곳에 집중시키지 않고 여러 군데에 분산시키는 방향으로 진화해왔다.

식물의 가장 큰 특징은 모든 기능들이 전신에 분포되어 있어서 어느 한 부분을 잃더라도 생명에 전혀 지장이 없다는 것이다. 광수용체의 경우도 예외는 아니다. 광수용체는 주로 (광합성을 전문적으로 담당하는) 잎에 분포하지만 다른 곳에도 얼마든지 존재한다. 심지어 어린 줄기, 덩굴손, 새싹, 목질부에도 광수용체가 무수히 존재한다. 그러므로 식물 전체가 온통 작은 눈으로 뒤덮여 있는 셈이다. 놀라운 것은 뿌리에도 광수용체가 존재한다는 것이다. 단, 뿌리에 존재하는 광수용체는 잎에 존재하는 광수용체와는 달리 빛을 전혀 좋아하지 않는다. 식물의 잎은 빛을 향해 자라고 앞면이 광원 쪽을 바라보는데, 이것을 양성굴광성positive phototropism이라고 한다. 반면에 뿌리는 잎과 정반대로 행동하며 이것을 음성굴광성negative phototropism이라고 한다.

여기서 식물에 대한 무지로 말미암아 왜곡된 실험결과를 도출하는 관행을 하나 지적하고자 한다. 우리 모두는 뿌리가 토양 속, 즉 칠흑처럼 어두운 곳에서 자라는 것을 당연시하고 있다. 하지만 오늘날 식물학 연구실에서는 이러한 상식이 무시되고 있다. 특히 전통적인 식물학과 식물생리학을 점점 압도하고 있는 분자생물학에서는 애기장대Arabidopsis thaliana와 같은 실험실 식물을 토양이 아닌 젤gel 또는 기타 투명한 지지배지support medium에서 배양한다. 젤과 배지에는 정상적인 생장에 필요한 영양소가 모두 함유되어 있다. 이것들은 투명한 데다 필요한 영양소를 임의로 선택할 수가 있어서 식물행동을 연구하는 데 도움이 된다.

이러한 배양방식이 연구에 기여하는 것은 사실이다. 하지만 방금 언급한 바와 같이 한 가지 사소한 문제가 있다. 실험실에서는 뿌리를 밝은 광선에 노출시키는 경우가 많은데, 이것은 식물에 스트레스를 주는 매우 부자연스러운 배양조건이다. 젤에서 배양되는 뿌리는 매우 금방 자라고 많이 움직이는데, 그 이유는 (자신을 괴롭히는) 광원에서 빨리 벗어나기 위해서다. 그러나 연구진은 이것을 식물의 건강상태와 결부지어 식물이 활발하게 자라는 징후라고 생각한다. 그러나 뿌리가 빨리 자라는 이유는 '식물이 건강해서'가 아니라 '빛을 피해 도망치기 위해서'라고 할 수 있다. 그러니 일말의 상식이 있다면 식물의 뿌리는 어둠 속에서 자라도록 배려해야 하며, 잎처럼 밝은 빛에 노출시켜서는 안 된다.

　　한편, 어둠을 좋아하는 것은 뿌리뿐만이 아니다. 일 년 중에는 식물의 지상부aerial part도 어둠을 좋아하는 때가 있는데, 그때가 바로 가을이다. 가을에는 많은 나무들이 잎을 떨구는데, 이런 나무들을 낙엽수deciduous tree라고 한다. 그런데 대부분의 광수용체가 잎에 집중되어 있다면 낙엽이 진 식물은 어떻게 되는 걸까? 그건 간단하다. 동물이 눈을 감을 때와 똑같다고 보면 된다. 즉 식물도 눈을 감고 휴식을 취하는 것이다.

　　낙엽수는 (겨울이 비교적 추운) 온대지역에 주로 서식하며, 열대나 아열대 지역에는 일 년 내내 기후가 온화하고 일조량이 풍부하므로 상록수가 많다. 온대기후나 대륙성기후 지역에서는 더운 여름과 추운 겨울이 교대로 반복되는데, 겨울이 오면 일부 동물들이 추위와 식량부족이라는 이중고를 해결하기 위해 겨울잠을 잔다. 잠은 혹한기를 견뎌내는 데 매우 효과적인 방법이므로 식물도 겨울잠을 월동전략으로 채택했다. 첫추위가 찾아오면 낙엽수는 잎을 떨어뜨리고 긴 겨울잠에 들어간다. 왜냐하면 잎은 매우 연약하여 겨울 내내 추위에 노출될 경우 동사凍死할 우려가 있기 때문이다. 식물학에서는 이 같은 주기적 수면상태를 식물성 휴면vegetative rest이라고 부르는데, 동물학에서 말하는 동면hibernation과 100퍼센트 동일한 개념이다. 식물은 눈을 감고 대사활동을 늦춘 상태에서 겨울을 넘기고 봄이 되면 활동을 재개한다. 새싹이 트고 새로운 잎이 돋아나면서 식물은 감았던 눈을 다시 뜨게 된다.

마지막으로, 20세기 중반 새로운 이론을 내놓아 과학계를 당혹하게 했던 고틀리프 하벌란트(1854–1945)를 소개하면서 식물의 시각과 눈에 대한 이야기를 마치려 한다. 오스트리아의 위대한 식물학자 고틀리프는 일찍이 다음과 같은 가설을 제시했다. "식물의 표피세포epidermal cell가 실제로 렌즈처럼 작동하여 식물에게 빛은 물론 사물의 형체까지 인식하게 해준다." 즉, 식물이 표피세포를 각막이나 수정체처럼 사용하여 외부환경의 이미지를 재구성한다는 것이다. 하지만 그는 실험을 통해 이 가설을 입증하는 데 실패했다.

2. 후각

고틀리프 하벌란트의 흥미로운 이론은 아직까지 증명되지 않았다. 따라서 대다수의 독자들이 식물이 사물의 형체를 식별한다는 사실을 의심해도 나로서는 어쩔 도리가 없다. 그러나 식물의 후각에 관한 한 나는 전혀 양보할 생각이 없다. 아무리 이상하게 들릴지라도 내 설명을 듣고 나면 독자들은 식물이 초정밀 코nose를 가졌다는 사실을 인정하지 않고는 못 배길 것이다. 물론 나는 얼굴 한복판에 삐죽 솟은 감각기관을 말하는 것이 아니다. 우리는 하나의 코로 냄새를 맡지만 식물은 몸 전체로 냄새를 맡기 때문이다.

우리가 냄새를 맡으려면 공기를 코로 흡입한 다음 후각관olfactory canal으로 보내야 한다. 후각관의 벽을 가득 메운 화학수용체들은 공기중의 분자들을 포획하여 그에 상응하는 신경신호를 뇌로 보낸다. 이 신경신호에는 냄새에 관한 정보가 수록되어 있어서 우리 뇌는 냄새를 분석하고 인지한다. 이에 반해 식물의 후각기관은 하나가 아니며 수백만 개의 미세한 코들이 전신을 뒤덮고 있다. 하나의 식물은 뿌리에서 잎에 이르기까지 수십억 개의 세포로 구성되어 있는데 대부분의 세포들은 표면에 휘발성 분자를 포획하는 수용체가 장착되어 있다.

이 휘발성 분자들은 생체내 휘발성유기화합물bio-genic volatile organic compounds(BVOCs)이라고 하는데, 다른 세포들에게 신호를 보내고 정보를 전달하는 데 사용된다. 세포 표면에 장착된 수용체를 '자물쇠'라고 생각하고 BVOCs를 '열쇠'라고 생각하면 이해하기 쉽다. 모든 자물쇠는 올바른 열쇠와 접촉하는 경우에만 열리고 자물쇠가 열리는 순간 후각정보를 전달하는 메커니즘이 작동한다.

BVOCs는 환경으로부터 정보를 입수하는 데 사용될 뿐만 아니라 종을 불문한 다른 식물 또는 곤충들과 의사소통을 하는 데도 사용된다(4장 '식물이 세상과 소통하는 방법' 참조). 로즈메리, 바질, 감초와 같은 식물들이 내뿜는 냄새들BVOCs은 정밀한 메시지를 담고 있으며, 이들이 사용하는 '단어' 또는 '어휘'라고 볼 수 있다. 식물의 언어에는 수백만 가지의 상이한 어휘가 존재하지만 우리는 그 내용을 거의 모르고 있다. 그저 모든 화합물이 저마다 경고, 유혹, 배척 등의 정확한 정보를 포함하고 있으려니 하고 짐작만 할 뿐이다.

물론 우리는 모든 속씨식물angiosperm들이 특정한 향기를 이용하여 꽃가루매개 곤충들을 유혹한다는 사실쯤은 알고 있다. 이 경우 메시지의 목적은 매우 분명하며 다른 식물들이 눈치채지 못하도록 매우 은밀하게 전달된다. 그런데 샐비어, 로즈메리, 감초가 꽃을 피우지 않은 경우에도 특유의 향기를 내뿜는 이유는 뭘까? 모르긴 몰라도 분명한 이유가 있을 것이다. 왜냐하면 향기를 내뿜는 데는 에너지가 소모되기 마련인데 어느 식물도 에너지를 허투루 낭비할 리는 없기 때문이다. 이 한 가지 예만 보더라도 식물의 언어를 확실히 해석하려면 아직도 갈 길이 멀다는 것을 알 수 있다.

우리가 현재 직면한 상황은 프랑스의 이집트학자 장 프랑수와 샹폴리옹이 1822년 상형문자 해독에 성공하기 직전과 매우 흡사하다. 우리는 특정 신호(냄새)가 특정 메시지와 대응한다는 사실을 알고 있지만 식물이 내뿜는 휘발성분자의 숫자가 너무 많아 갈피를 못 잡고 있다. 설상가상으로, 하나의 메시지가 반드시 하나의 분자로만 이루어지는 것이 아니며 여러 가지 분자들이 일정한 비율로 결합하여 하나의 메시지를 구성하는 경우도 있다. 요컨대 식물의 언어는 다성음악polyphony과 같아서 다양한 분자들이 어울려 흥미와 매력을 더해준다.

우리는 언젠가 식물의 언어를 해독하는 열쇠를 발견하게 될 것이다. 그때까지는 아쉽더라도 기존에 알고 있는 정보에 만족하는 수밖에 없다. 예컨대 우리는 메틸자

스몬산methyl jasmonate의 의미를 알고 있다. 메틸자스몬산은 식물이 스트레스를 받을 때 분비하는 분자로, 매우 분명한 메시지를 전달한다. 내용인즉 '난 몹시 불편하다'는 것이다. 그런데 놀라운 것은 식물들끼리 주고받는 BVOCs 중에서 상당수가 종species과 관계없이 동일한 메시지를 담고 있으며, 심지어 매우 이질적인 종들도 똑같은 화합물을 이용하여 똑같은 메시지를 전달한다는 사실이다.

그렇다고 해서 모든 식물들이 보편적 언어를 갖고 있다는 뜻은 아니다. 그보다는 지구상에 나타난 최초의 식물들이 한 가지 언어를 사용했지만 점차 다양한 종들이 갈라져 나가면서 언어도 함께 분화했다고 하는 편이 더 적절해 보인다. 마치 동일한 어원에서 출발한 단어들 중 어떤 것들은 모든 언어에서 동일한 의미를 유지하고 있는 데 반해 어떤 것들은 각 언어별로 독특한 의미를 갖게 된 것처럼 말이다.

다시 휘발성분자 이야기로 돌아와, 식물들이 스트레스 상황에서 생성하고 인식하는 BVOCs에 대해 생각해보기로 하자. 많은 BVOCs가 SOS 신호를 담고 있다. 식물들은 생물학적·비생물학적 스트레스에 노출될 때 BVOCs를 생성한다. 생물학적 스트레스에는 곰팡이, 세균, 곤충, 기타 식물의 항상성을 교란하는 생물들이 있고, 비생물학적 스트레스에는 혹한酷寒, 혹서酷暑, 산소부족, 염분과다, 대기오염, 수질오염, 토양오염 등이 있다. 어떤 경우에든 BVOCs는 식물의 다른 부위와 이웃의 식물들에게 경고

신호를 보내는 역할을 한다.

BVOCs는 본질적으로 자기방어용 수단이다. 식물이 초식곤충에게 공격을 받는다고 치자. 그러면 식물은 즉시 분자를 내뿜어 인근의 식물들에게 공습경보를 발령한다. 가장 유명한 사례는 토마토이다. 토마토는 초식곤충에게 공격당하는 경우 다량의 BVOCs를 분출하여 다른 식물들에게 경고신호를 보낸다.

이 BVOCs 신호가 한번 발동하면 심지어 수백 미터 떨어진 곳에 있는 식물도 이를 감지한다. 경보를 받은 식물들은 당면한 위험에서 살아남기 위해 가능한 방어수단을 총동원한다. 자세한 내용은 4장 '식물이 세상과 소통하는 방법'에서 살펴보겠지만, 지금 한 가지 예를 들면 어떤 식물들은 난소화성 분자indigestible molecule나 독성분자를 생성하여 초식곤충들을 곤경에 빠뜨린다.

이쯤 되면 일부 독자들은 분명히 이런 질문을 던질 것이다. "식물들이 그렇게나 효과적인 방어전략을 갖고 있는데 우리가 굳이 살충제를 사용하는 이유가 뭡니까? 그러면 그렇지, 식물의 방어수단이 모든 공격자들을 물리칠 정도로 강력한 것은 아닌가 보죠?" 이에 대한 내 대답은 간단하다.

자연에서의 삶이란 포식자와 피식자 간의 경쟁이 이루는 동적 평형dynamic equilibrium의 결과다. 식물의 방어수단에 대응하여 포식자들은 새로운 공격전략을 수립하고, 그러면 식물은 다시 이에 대응하여 업그레이드된 방어수단을 내놓는다. 이처럼 끊이지 않는 군비경쟁이야말로 지구상의 모든 생물들이 살아가는 원리이며 진화의 수레바퀴를 돌리는 원동력인 것이다.

3. 미각

동물과 마찬가지로 식물의 후각과 미각은 서로 밀접하게 연결되어 있다. 구체적으로 말하면 식물의 미각 기관은 자신들이 식량으로 사용하는 화학물질을 탐지하는 수용체이며 주로 뿌리에 분포한다. 식물은 식량을 찾기 위해 뿌리를 내뻗어 토양 속을 샅샅이 뒤진다. 그리고 그 결과 식물의 미각은 인간세계 최고의 미식가 뺨치는 수준으로 세련화되었다.

식물을 미식가와 비교하는 것을 못마땅해 하는 독자가 있을지도 모르겠다. 그러나 식물의 뿌리는 땅속 몇 세제곱미터 범위 안에 존재하는 극미량의 무기염류를 찾아낼 수 있다. 기껏해야 요리 한 접시 속에 들어 있는 식재료 몇 가지를 감지해내는 미식가와는 급이 다르다.

그러나 식물의 미각과 인간의 미각에는 차이점

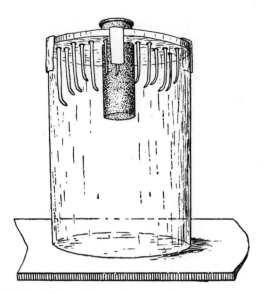

그림 3.2 식물의 뿌리는 영양소가 있는 쪽으로 자란다.

이 하나 있으며, 늘 그렇듯이 최후의 승자는 언제나 식물 쪽이다. 그도 그럴 것이, 토양 속에 존재하는 화학물질의 미세한 농도기울기를 감지하기 위해서는 어떤 동물보다도 예민한 미각을 가져야 하기 때문이다. 식물의 뿌리는 끊임없이 토양의 간을 보는데, 그 이유는 질산염, 인산염, 칼륨염과 같이 맛있는 영양소들을 찾아내기 위해서다. 이렇게 식물의 미각은 극소량의 무기염류를 찾아내는 고도의 정밀성을 자랑한다. 이상과 같은 사실들을 어떻게 알 수 있을까? 그건 식물의 뿌리를 관찰해보면 된다. 식물의 뿌리는 무기염류의 농도가 가장 높은 곳으로 자라며, 토

매혹하는 식물의 뇌

양 속의 무기염류를 남김 없이 흡수한 후에야 성장을 멈춘다.

식물의 행동은 보기보다 훨씬 더 정교하다. 사실 식물은 자신이 감지한 무기염류의 농도기울기에 비해 필요한 것보다 훨씬 더 많은 뿌리를 뻗는데, 이는 당장의 필요보다 미래를 내다본 포석이다. 즉, 미래에 발견될지도 모르는 영양분을 확보하기 위해 귀중한 에너지와 자원을 투자하는 것이다. 이는 광산회사들이 새로운 갱도를 파기 위해 상당한 자원을 투자하는 일에 비견된다. 미래의 수익을 기대하여 투자한다는 것은 식물이 지능을 보유하고 있음을 보여주는 또 하나의 증거라 할 수 있다.

우리는 식물의 미각기관을 생각하면 본능적으로 뿌리를 생각하게 된다. 그럴 만도 한 것이 식물이 원하는 영양소는 대부분 토양 속에 존재하기 때문이다. 그러나 상당수의 식물 종들은 여느 식물들과 다른 식성을 갖고 있는데, 소위 식충식물carnivorous plant들이 바로 그들이다. 식물학자들이 최초로 발견한 식충식물인 파리지옥Dionaea muscipula에 대한 일화를 소개한다.

1760년 1월 24일, 노스캐롤라이나 주의 대지주로 1754년부터 1765년까지 주지사를 역임한 아더 돕스는 영국의 식물학자이자 왕립학회 회원인 피터 콜린슨(1694-1768)에게 편지 한 장을 썼다. 그 편지에는 '파리를 잡는 능력'을 보유한 놀라운 식물에 대한 내용이 적혀 있었다.

식물계에서 가장 신비로운 식물 종을 하나 발견했습니다. 그것은 키가 작고 흰 꽃을 피웁니다. 동그란 잎은 조가비처럼 두 부분으로 구성되어 있고, 가장자리에는 가시 같은 털이 돋아 있습니다. 곤충이 잎을 건드리거나 잎 사이에 떨어지면 양 잎이 스프링덫처럼 닫혀 곤충을 가둡니다. 나는 이 놀라운 식물에 '센시티바 아키아파모스케*Sensitiva Acchiappamosche*(예민한 파리잡이풀)'라는 이름을 붙였습니다.

콜린슨은 이 최초의 식충식물 샘플을 영국의 박물학자 존 엘리스에게 보냈고, 엘리스는 '디오니아 뮤시풀라*Dionaea muscipula*(파리지옥)'라는 학명을 정식으로 부여했다. 1769년 엘리스는 파리지옥의 식충성carnivorism을 확인하고 린네에게 편지를 썼다.

잎과 꽃을 포함한 식물의 완전한 모습을 담은 그림을 동봉합니다. 자연은 이 식물에 새로운 영양섭취 방법을 부여했습니다. 그 잎에는 관절이 달려 있어 마치 먹이를 잡는 기계처럼 작동합니다. 잎 한복판에는 미끼가 놓여 있습니다. 그것은 잎의 안쪽 면을 뒤덮은 미세한 적색 분비샘에서 분비된 달콤한 액체로, 불쌍한 곤충을 유혹하는 역할을 합니다. 곤충이 액체를 맛보기 위해 발걸음을 옮기는 순간 잎의 민감한 부분이 자극을 받게 됩니다. 그러면 양쪽 잎이 꼭 닫혀 곤충을 압사시킵니다. 더구나 양쪽 잎의 가운데 부분에는 각각 3개의 가시가 돋아 있어서, 곤충이 필사적으로 몸부림쳐도 빠져나갈 수가 없습니다.

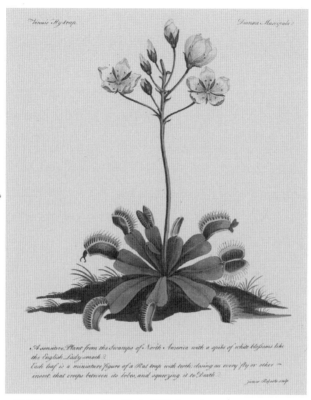

그림 3.3 파리지옥의 그림. 영국의 박물학자 존 엘리스가 1769년 9월 23일 린네에게 보낸 편지에 첨부된 것이다.

이 편지는 식충식물을 식물학적 관점에서 기술한 최초의 기록물로 유명하다.

파리지옥이 곤충을 사냥한다는 것은 누가 봐도 명백한 사실이었다. 그러나 린네는 전혀 그런 방향으로 생각하지 않았다. 그는 엘리스의 결론을 기각하고 돕스의 처음 판단을 받아들여 파리지옥을 '감촉성感觸性 식물'로 분류했다. 다시 말해서, 촉각자극tactile stimuli에 불수의적으로 반응하는 식물이라는 것이었다.

　　오늘날에는 파리지옥이 곤충을 잡아먹는다는 것이 상식으로 통하지만, 린네는 파리지옥을 미모사Mimosa pudica와 마찬가지로 '손을 대면 잎을 저절로 오무리는 식물'로 간주했다. 이처럼 엘리스와 린네의 결론은 완전히 반대였다. 엘리스에 의하면 파리지옥은 동물을 잡아먹는 사냥꾼이지만, 린네에 의하면 그것은 촉각에 자동적으로 반응하는 식물일 뿐이었다.

　　두 사람이 이렇게 상반된 결론을 내린 이유는 뭘까? 생물학계에서 지명도가 낮은 엘리스는 통념에 젖지 않아 자신이 관찰하고 스케치한 데 의거하여 논리적인 결론을 내릴 수 있었다. 그러나 린네는 최고의 명성을 누리고 있었으므로 '자연의 질서'라는 고루한 관념에서 벗어날 수 없었다. 자연의 질서란 당대의 과학계가 모두 인정하고 있었던 '생물 간의 관계를 지배하는 법칙'이었다.

　　린네는 이런 고정관념에 얽매인 나머지 자신의 관찰을 이론에 억지로 끼워 맞추었다. 그리고 그렇게 함으로써 증거를 부인하고 사실을 왜곡하는 잘못을 저지르고 말았다. 그 후로도 많은 연구를 통해 반박할 수 없는 증거가 제시되었음에도 불구하고 린네는 식충식물의 존재를 인정하기를 거부했다. 이유는 단 하나, '식물이 그런 행동을 한다는 설명은 이치에 맞지 않는다'는 것이었다.

파리지옥이 특정 곤충을 먹이로 삼는다는 것은 누가 보기에도 명백했다. 이처럼 당연한 사실을 부인하는 일이 어떻게 가능했을까? 당시 많은 생물학자들은 공상에 의존하여 파리지옥의 행동을 설명했다. 즉, 그들은 "파리지옥의 잎이 닫히는 것은 일종의 반사행동이므로 파리지옥이 곤충을 살해할 의도가 있다고 볼 수 없다"라고 말했다. 또한 "곤충은 원하기만 하면 파리지옥의 잎에서 빠져나올 수 있지만 노쇠했거나 죽기를 각오한 등의 다양한 이유 때문에 그러지 않은 것뿐이다"라고 설명했다.

이러한 설명들은 오늘날의 우리 시각에서 보면 완전히 코미디 수준이지만, 당시의 과학계에서는 한 치의 망설임도 없이 받아들였다. 이 세상에 식충식물이 존재한다는 가당치도 않은 사실을 부인할 수만 있다면 어떠한 설명도 받아들일 기세였다.

생물학자들의 설명은 동화책에나 나올 법한 이야기였다. 그러나 다른 건 다 그렇다고 쳐도 죽어서 소화되기 전에 포충엽trap leaf을 빠져나오는 곤충이 단 한 마리도 없다는 사실을 어떻게 설명할 것인가? 또 맛이 없거나 단단한 물체가 잎 속에 들어간 직후, 닫혔던 잎이 다시 열리는 현상을 어떻게 해석할 것인가? 제대로 된 답변을 들으려면 1875년 찰스 다윈이 《식충식물》을 출판할 때까지 기다려야 했다.

《식충식물》이 출판된 후, 비로소 과학자들은 식물이 곤충을 잡아먹는다고 공공연히 말하기 시작했다. 하지만 '식충식물'은 진실에 가까운 정의定義임에도 불구하고, 여전히 부정확했다. 왜냐하면 다윈의 시대에는 다양한 발견과 관찰을 통해 이미 수많은 식물들이 쥐나 도마뱀과 같은 소형동물들을 잡아먹는 것으로 알려져 있었기 때문이다. 이런 식물들은 '육식식물' 대신 '식충식물'로 분류되었는데, 그 이유는 1800년대 중반까지만 해도 식물 앞에 '육식'이라는 말을 붙이기가 너무 부담스러운 분위기였기 때문이다. 많은 종들, 특히 일부 벌레잡이통풀Nepenthes의 경우 소형 포유동물까지 잡아먹을 수 있었음에도 불구하고, 19세기 말까지 '식충식물'로 분류되어야 했다.

그런데 일부 식물들이 동물의 고기를 먹는 이유는 뭘까? 거기에는 진화적 요인이 깔려 있다. 육식식물들이 수백 년 동안 진화해온 습지의 토양에는 질소가 부족하거나 전무하기 때문에 단백질 합성을 위해 특단의 대책이 필요했던 것이다. 그들은 뿌리 대신 지상부aerial part를 이용하여 질소를 섭취하기로 결정하고 '움직이는 단백질 저장소'인 곤충을 표적으로 삼았다. 그리고 시간이 지남에 따라 잎의 형태를 조금씩 바꿔 포충엽으로 개조했다. 곤충을 포충엽에 가둬 죽인 후, 이들은 곤충의 시체를 소화시켜 영양소를 섭취했다. 포획한 동물을 효소를 이용하여 대사시킨 다음 잎을 통해 영양소를 흡수하는 것은 육식식물의 결정적 특징이다.

대표적인 육식식물인 파리지옥과 벌레잡이통풀의 사냥기술을 살펴보자. 여느 위대한 사냥꾼들과 마찬가지로 그들은 먹잇감을 유혹하는 것으로부터 작업을 시작한다. 파리지옥의 경우, 미끼는 포충엽에서 분비하는 매우 향기롭고 달콤한 분비물이다. 이 분비물의 냄새와 맛에 넘어가지 않을 곤충은 없다. 에너지 낭비를 막기 위해 유사품(가짜 먹이)이 얼씬거릴 때는 포충엽을 오므리지 않는다. 포충엽을 함부로 놀렸다가는 못 먹을 것을 삼키거나 접근하던 먹이가 도망칠 수 있으므로 곤충이 포충엽의 한가운데로 들어올 때까지 기다려 실패율을 최소화한다.

'죽음의 덫'을 구성하는 두 잎의 표면에는 작은 털이 3개씩 돋아나 있는데, 이것은 일종의 센서로 작용한다. 이 털을 건드리면 덫이 닫히지만 여기에는 한 가지 규칙이 있다. 즉, 덫이 닫히려면 털을 2개 이상 건드려야 하며 그 시간 간격이 2초를 초과하면 안 된다. 이 같은 까다로운 조건을 만족시켜야만 파리지옥은 뭔가 흥미로운 것이 걸려들었음을 감지하고 덫을 닫는다.

포획된 곤충이 몸부림치며 털을 건드리면 파리지옥은 닫은 잎을 더욱 단단히 오므린다. 그리고 곤충이 더 이상 움직이지 않으면 죽었다고 간주하고 잎에서 소화효소를 분비한다. 소화효소는 곤충을 거의 완전히 소화시킨다. 나중에 다시 열린 잎 속을 들여다보면 식물과 곤충이 치른 격전의 흔적이 고스란히 남아 있다. 파리지옥의 잎 위에서 잡아먹힌 곤충의 외골격이 발견되는 것은 결코 드문 일이 아니다.

또 하나의 끔찍한 포식자 벌레잡이통풀은 파리

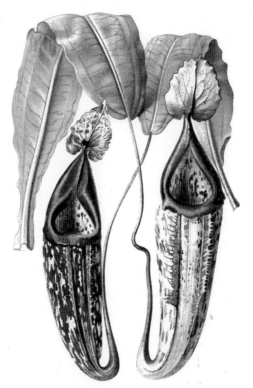

그림 3.4 비엔나 왕립원예학회가 발간한 1895년판 원예잡지 〈비너 일루스트리르트 가르텐차이퉁Wiener Illustrirte Garten-Zeitung〉에 실린 벌레잡이통풀 속의 삽화.

지옥과 다른 전술을 구사한다. 벌레잡이통풀은 특별한 주머니 모양의 기관을 진화시켰는데, 이것을 포충낭trap sac이라고 한다. 포충낭의 입구 언저리에서는 달콤하고 향기로운 물질이 뿜어져 나온다. 그에 이끌려 다가온 곤충이 달콤한 액체를 빨아먹으며 향기가 나는 쪽으로 접근하다 보면 포충낭 속으로 미끄러져 들어가 다시는 빠져나올 수 없다. 포충낭 내부는 자연계에서 가장 미끄러운 소재로 이루어져 있다(과학자들은 이 특성을 기술적으로 이용하기 위해 열심히 연구하고 있다). 포충낭 속에 빠진 먹이는 소화액 속에 빠져 허우적거리다가 결국 탈진하고 이를 확인한 벌레잡이통풀은 소화활동을 개시한다. 가엾은 곤충은 영양분이 풍부한 수프로 바뀌어 서서히 흡수된다.

벌레잡이통풀 속 중에는 곤충뿐만 아니라 도마뱀과 소형 파충류, 심지어 제법 커다란 쥐까지도 잡아먹는 종이 있다. 희생자들의 뼈대는 마치 전리품처럼 포충낭 밑바닥에 쌓인다. 이것은 미래의 희생자들에게 보내는 경고일 수도 있지만, 그들은 달콤하고 향기로운 물질에 눈이 멀어 죽음을 자초하게 된다.

육식식물은 '식물이 미각을 이용하는 방법'을 설명하는 흥미로운 사례이기도 하지만 식물의 식습관에 대한 생각거리를 제공하기도 한다. 첫째, 우리의 생각과는 달리 육식식물의 가짓수는 적지 않다. 현재까지 알려진 육식식물은 최소한 600종인데, 저마다 상이한 덫과 도구를 이용하여 다양한 동물들을 포획한다. 그러므로 식물의 육식성carnivory은 과거에 생각했던 것보다 훨씬 더 널리 퍼져 있는 현상이라고 말할 수 있다.

그런데 위에서 언급한 600종에는 곤충을 포획하여 간접적으로 이득을 얻는 식물은 포함되어 있지 않다. 그러므로 이러한 식물까지 고려한다면 육식식물의 수는 더욱 늘어날 수 있다. 몇 년 전까지만 해도 특정식물(육식식물로 엄격히 정의된 식물)들만이 소형동물을 소화시켜 영양분을 얻을 수 있다고 여겨졌지만, 최근에는 이 같은 섭식행위가 식물계에 만연하고 있음을 입증하는 연구결과들이 속속 발표되고 있다.

주변의 감자나 담배, 혹은 참오동나무*Paulownia tomentosa*(본래 중국산이지만, 최근에는 미국과 유럽에서도 흔히 발견됨)의 잎을 자세히 들여다본 적이 있는가? 거기에는 작은 곤충들의 시체가 무수히 달라붙어 있을 것이다. 아마도 나뭇잎이 끈끈하거나 독소를 품은 물질을 분비하여 곤충들을 죽인 것으로 보인다. 그런데 식물들이 소화시킬 수도 없는 곤충들을 왜 죽였다고 생각하는가?

어려운 문제 같지만 잠깐만 생각해보면 답은 의외로 간단하다. 설사 곤충을 소화시킬 수 없다고 해도 곤충의 시체가 땅으로 떨어져 분해되면 질소가 방출될 것이고, 그러면 식물이 그것을 섭취할 수 있다. 나뭇잎에 계속 달라붙어 있는 곤충들은 세균이 처리하게 되고, 그렇게 되면 식물은 질소가 풍부한 노폐물을 쉽게 흡수할 수 있는 것이다.

그렇다면 상당수의 식물들은 육식식물로 분류되지 않음에도 불구하고 동물을 이용하여 자신들의 식단을 풍부하고 다양하게 만들고 있다고 해도 무방할 것이다. 학자들은 이러한 식물들을 전문용어로 원시육식식물protocarni-vore이라고 부른다.

그 밖에도 식물의 식생활에는 놀랄 만한 것들이 많다. 2012년 초 미국국립과학원회보(PNAS)에 발표된 논문에 의하면, 브라질 세라도 지역의 건조하고 척박한 토양에서 서식하는 필콕시아*Philcoxia* (질경이과의 일종) 속 식물은 끈끈이잎adhesive leaf을 이용하여 땅속의 선충nematode을 잡아먹는다고 한다.

끈끈이잎은 모래로 덮여 있으며, 선충은 끈끈이잎 근처를 지나가다 잎에 달라붙은 다음 소화되어 필콕시아에게 (토양에 부족한) 질소를 제공하게 된다. 지금까지 지하에서 동물을 사냥하는 것으로 확인된 식물은 필콕시아밖에 없는데, 식물학자들은 이 점을 매우 중시하고 있다. 왜냐하면 다른 척박한 토양에 사는 식물들도 필콕시아와 유사한 방법으로 동물을 사냥할 것으로 예상되기 때문이다.

앞에서도 언급한 바와 같이, 현재까지 육식식물로 분류된 식물은 약 600종이다. 그러나 원시육식식물과 (아직 발견되지 않은) 지하 사냥꾼들까지 포함하면 앞으로 그 가짓수는 훨씬 더 늘어날 전망이다. 그렇게 될 경우, 우리는 식물의 식생활에 대한 인식을 완전히 바꿔야 할 것이다.

4. 촉각

식물이 촉각을 보유하고 있는지를 알고 싶으면 두 가지 질문을 해보면 된다. 첫 번째 질문은 "식물은 외부 물체가 접촉하는 것을 감지할까?"라는 것이고, 두 번째 질문은 "식물은 의식적으로 외부의 물체와 접촉하여, 그로부터 정보를 입수할까?"라는 것이다. 첫 번째 질문은 수동적 촉각에 관한 것이고, 두 번째 질문은 능동적(자발적) 촉각에 관한 것이다.

(1) 수동적 촉각

식물의 촉각은 청각과 밀접하게 관련되어 있으며 기계수용채널mechanosensitive channel이라는 작은 감각기관을 사용한다. 기계수용채널은 식물의 전신에서 골고루 조금씩 발견되지만, 가장 많이 분포하는 곳은 표피세포epidermal cell다(표피세포는 외부환경과 직접 접촉한다). 기계수용채널은 사물이 식물과 직접 접촉하거나 사물의 진동이 식물에 전달될 때 활성화된다. 그러나 전문 감각기관이 없다고 해서 식물이 촉각을 느끼지 못하는 것은 아니며, 반대로 전문 감각기관이 있다고 해서 식물이 촉각을 느끼는 것은 아니다. 물론 특정 감각기관을 보유할 경우 식물이 해당 감각을 느낄 가능성은 높아지지만 말이다.

식물은 누군가가 자신을 만지는 걸 감지할까? 이 질문에 대답하기 위해 미모사Mimosa pudica의 행동을 살펴보기로 하자. 미모사는 손으로 쓰다듬으면 마치 부끄럼을 타듯 잎을 움츠리는데, 이러한 성질을 감촉성thigmonasty이라고 부른다. 린네는 미모사와 파리지옥을 같은 그룹으로 분류한 바 있다.

미모사의 감촉성 운동은 불과 몇 초 사이에 일어나며 조건반사가 아니다. 예컨대 미모사 잎은 물에 잠기거나 바람에 날리는 경우에는 꿈쩍도 하지 않으며, 오직 뭔가가 직접 닿을 때만 닫힌다. 그러므로 미모사의 운동은 미모사 입장에서 볼 때 나름 합목적적인 행동이지만, 그 목적이 뭔지 혼란스럽다. 방어적 행동인 것은 분명해 보이지만 그 대상이 뭔지는 확실하지 않다. 어떤 이들은 갑작스럽게 잎을 닫으면 초식곤충들을 놀래킬 수 있다고 하며, 어떤 사람들은 포식자들의 식성을 떨어뜨리기 위해 그런 능력을 진화시켰다고 한다. 하지만 어떤 이론이 맞는지는

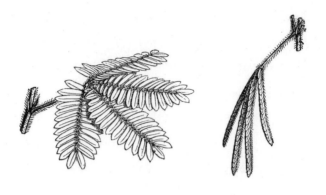

그림 3.5 미모사의 열린 잎(왼쪽)과 닫힌 잎(오른쪽). 미모사의 잎은 정확한 촉각자극에 반응하여 즉각적으로 닫힌다.

중요하지 않다. 중요한 것은 미모사가 촉각을 통해 다양한 자극들을 구별하고 심지어 행동을 바꾸며, 자극이 위험하지 않다는 것을 안 다음에는 닫았던 잎을 다시 연다는 것이다.

미모사의 특별한 학습능력을 처음으로 알아차린 사람은 과학계의 거목 장 바티스트 라마르크(1744-1829)였다. 라마르크는 '생물학'이라는 말을 만든 인물로, 자신의 젊은 협력자 오귀스탱 티라무스 드 캉돌(1778-1841)에게 다음과 같은 임무를 맡겼다. "작은 미모사 몇 송이를 카트에 싣고 파리 거리를 누비며 그 행동을 낱낱이 기술하라."

드 캉돌은 위대한 라마르크의 분부를 받들어 미모사 화분을 카트에 가득 싣고 파리 시내를 누볐다. 그러던 중 어느 지점에 이르러 드 캉돌은 뭔가 예기치 않은 사건이 일어났음을 깨달았다. 처음에는 카트가 덜컹거릴 때 모든 미모사들이 일제히 잎을 닫았지만, 곧이어 모든 미모사들이 다시 잎을 여는 것이 아닌가! 마치 진동에 익숙해졌다는 듯이 말이다.

미모사들이 이런 행동을 보인 이유는 간단명료했다. 놀랍게도 미모사들은 카트의 진동이 위험하지 않다는 사실을 금세 학습하고, 에너지 낭비를 줄이기 위해 쓸데없이 잎을 닫는 행동을 중단한 것이었다.

굳이 미모사를 관찰하지 않더라도 식물이 촉각을 보유하고 있음을 알 수 있는 방법은 얼마든지 있다. 식물이 촉각을 보유하고 있음을 증명하는 또 하나의 강력한 사례는 육식식물이다. 앞에서 살펴본 바와 같이 파리지옥의 포충엽은 고성능 덫처럼 작동한다. 그런데 덫이 작동하는 시점은 언제일까? 그것은 곤충이 잎 안으로 기어들어왔을 때다. 육식식물은 뭔가가 잎과 접촉하고 있음을 알아차리는 것은 물론 자극의 종류까지도 분간한다.

사실 무시무시한 육식식물 말고도 수많은 식물들이 촉각을 보유하고 있다. 많은 꽃들은 꽃가루매개 곤충들이 방문했을 때 꽃을 닫는 전략을 택한다. 곤충을 꽃 속에 가뒀다가 꽃가루가 범벅이 된 후에 놓아주려는 심산인데, 이것은 촉각이 없으면 불가능한 행동이다.

(2) 자발적 촉각

지금까지는 식물의 수동적 촉각능력, 즉 뭔가가 잎이나 꽃에 닿거나 올라탔음을 알아차리는 능력에 대해 이야기했다. 이번에는 한걸음 더 나아가 능동적(자발적) 촉각에 대해 이야기해보자. 즉, 식물은 자발적으로 외부의 물체를 더듬어 그로부터 정보를 입수할 수 있을까?

이 의문을 해결하는 최선의 방법은 뿌리의 행동을 살펴보는 것이다. 모든 식물들은 수백만 개(때로는 수억 개)의 뿌리를 갖고 있다. 이 뿌리들은 땅을 관통하여 물과 영양소가 있는 곳으로 이동하는 것은 기본이고, 위험물질이 있는 곳에서 멀어지기도 한다. 그런데 물과 영양소에 접근하는 도중에 돌멩이 같은 장애물을 만난다면 어떻게 될까? 뿌리의 성장이 중단될까, 아니면 오던 길로 되돌아갈까?

둘 다 아니다. 연구실에서 실험한 바에 의하면 식물의 뿌리는 물체를 더듬어본 다음 성장을 계속하거나, 우회경로를 찾아내기 위해 방향을 비트는 것으로 나타났다. 이 같은 행동이 가능한 것은 뿌리의 맨 끝, 즉 근단root tip의 활약 덕분이다(근단은 그 밖에도 특별한 능력을 많이 보유하고 있는데, 이에 대해서는 5장에서 상세히 다루기로 한다). 근단은 장애물을 만져보고 어떤 종류의 물질인지를 확인한 다음 그에 알맞은 조치를 취하게 된다. 사실, 뿌리가 촉각을 가졌다는 것은 상식에도 부합한다. 만약 뿌리가 장애물을 감지하여 우회할 수 없다면 바위와 같은 단단한 장애물을 뚫고 나가는 수밖에 없기 때문이다.

뿌리는 이 정도로 해두고 지상부를 생각해보자. 식물의 지상부 중에서 촉각을 연구하기에 가장 적합한 것은 덩굴식물(그리고 덩굴손tendril을 생성하는 모든 식물)들이다. 예컨대 완두콩의 줄기를 살펴보자. 이 작고 연약한 식물은 뭔가에 닿는 순간 민감한 덩굴손을 많이 만들어 단 몇 초 만에 자신과 접촉한 물체를 휘감는다. 이러한 행동은 수많은 식물들에서 발견된다. 그들은 주변의 물체들을 만져본 다음 가장 적당한 것을 골라 성장 지지대로 사용하고, 종국에는 그 위를 완전히 덮어버린다. 식물이 촉각을 보유하고 있다는 것을 이보다 더 확실히 보여주는 사례가 또 어디에 있을까?

촉각은 식물들이 흔히 보유하고 있는 감각이다. 식물에 관한 통계자료가 수집되기 시작한 지 30년 내지 40년밖에 안 지났지만, 그동안 덩굴식물로 분류되는 식물의 수는 계속 증가하여 이제는 직립식물의 수를 능가하고 있다. 도대체 덩굴에 무슨 이점이 있기에 그 많은 식물들이 덩굴을 택한 것일까?

덩굴의 이점을 생각해보기 위해 당신이 (덩굴식물이 가득한) 적도의 숲 한가운데 갓 태어난 식물이라고 가정해보자. 키 작은 당신의 최우선 과제는 '그늘을 벗어나는 것'이다. 만약 직립식물들처럼 줄기를 곧추세워 빛이 닿는 곳까지 올라가려면 대충 따져봐도 일 년 이상의 시간과 막대한 에너지가 필요하다. 당신은 눈앞이 노래질 것이다.

하지만 좋은 방법이 하나 있다. 그것은 주변의 덩

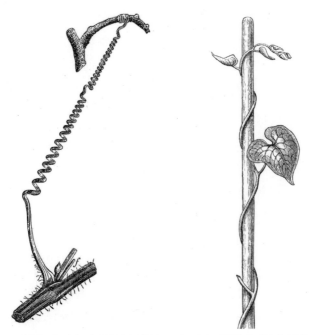

그림 3.6 덩굴손을 가진 참외과 식물*Bryonia dioica*(왼쪽)과 둥근잎나팔꽃
덩굴식물*Ipomoea purpurea*(오른쪽).

굴식물들에게 한 수 배우는 것이다. 덩굴식물은 게으름뱅이의 진수라고 할 수 있다. 아무 생각 없이 기존에 우뚝 솟은 식물의 줄기에 달라붙어, 귀중한 에너지를 허비하지 않고 꼭대기까지 단숨에 올라갈 수 있으니 얼마나 경제적인가? 이 같은 덩굴식물의 전략은 '일부 약삭빠른 인간들'의 전략과 별반 다르지 않아 보인다. 나만의 생각인가?

5. 청각

　　마지막으로, 식물의 감각 중에서 가장 논란이 많은 청각에 대해 알아보기로 하자. 식물의 청각은 집단적 상상력을 자극하는 주제다. 원예에 관심이 많은 독자들이라면 누구나 한번쯤은 스스로에게 이런 질문을 던져본 적이 있을 것이다. "사람이 내는 소리를 내가 기르는 식물이 들을 수 있을까? 만약 그렇다면 우리가 식물에게 말을 걸 수도 있을까?"

　　집에서 직접 실험해본 적이 있는 독자들의 의견은 크게 둘로 갈린다. 어떤 사람들은 "식물에게 말을 걸었더니 더 잘 자라더라"라고 하는가 하면, 또 어떤 사람들은 "식물에게 말을 해봤지만 아무 반응도 없더라"라고 한다. 양쪽 말이 다 맞을 수도 있지만, 그들이 그렇게 생각하는 이유를 이해하려면 잠시 한걸음 뒤로 물러나 곰곰이 생각해볼 필요가 있다.

먼저 우리가 소리를 듣는 메커니즘을 간단히 설명해보기로 하자. 그것은 우리가 알고 있는 청각의 개념을 정리해보는 기회가 될 것이다. 다른 동물들과 마찬가지로 인간의 청각을 담당하는 기관은 귀ear다. 소리는 파동의 일종이며 공기를 통해 전달된 음파가 귓바퀴에 포착된다. 귓바퀴에 포착된 후 이도auditory canal를 거쳐 고막에 전달된 음파는 고막을 진동시킨다. 고막의 물리적 운동은 전기신호로 변환되어 청신경auditory nerve을 통해 뇌로 전달된다. 이상에서 간단히 살펴본 바와 같이 인간의 청각은 공기를 주요 매질로 사용하므로, 공기가 없으면 음파가 전달되지 않아서 소리를 들을 수 없다.

이번에는 식물의 청각에 대해 생각해보자. 우리는 식물이 귀를 갖고 있지 않다는 것을 잘 알고 있다. 그러나 이런 피상적 사실에 얽매였다가는 본질을 놓칠 수 있다. 생각해보라. 우리는 이미 식물이 눈 없이도 볼 수 있고, 미뢰taste bud 없이도 맛볼 수 있고, 코 없이도 냄새를 맡을 수 있으며, 심지어 위장 없이도 소화시킬 수 있음을 알게 되었다. 그렇다면 귀가 없다고 하여 듣지 못할 이유가 뭐란 말인가?

우리는 이 시점에서 진화가 식물과 인간의 모습을 근본적으로 다르게 만들어놓았다는 사실을 다시금 기억할 필요가 있다. 인간은 여느 동물들과 마찬가지로 공기를 음파의 매질로 사용하며 머리 양쪽에 달린 귀를 통해 좌우에서 오는 음파를 포착한다. 그러나 식물은 우리와 다른 매질, 즉 땅earth을 사용하여 음파를 포착한다.

그렇다면 귀가 없는 식물은 어떻게 소리를 들을까? 외이external ear를 갖지 않은 동물들을 생각해보면 의문을 해소하는 데 도움이 될 것이다. 사실 동물들 중에는 외이를 갖지 않은 것들이 의외로 많다. 뱀, 각종 벌레, 그 밖의 많은 동물들이 귀가 없음에도 불구하고 소리를 듣는다. 어떻게 그런 일이 가능할까?

식물은 귀를 갖지 않은 동물들과 마찬가지로 체내에 진동을 전달할 수 있는 훌륭한 기구를 진화시켰다. 혹시 서부영화에서 흔히 나오던 장면을 기억하는가? 아메리카 원주민들이 땅바닥에 귀를 대고 멀리서 말이 달려오는 소리를 듣는 장면 말이다. 식물, 뱀, 두더지, 벌레 등이 사용하는 것도 바로 이런 방법이다.

땅은 소리를 매우 잘 전달한다. 따라서 식물은 (이 장의 앞부분에서 촉각을 설명할 때 언급했던) 기계수용채널을 이용하여 땅의 진동을 포착할 수 있다. 인간의 청각이 귀에 집중되어 있는 것과는 달리 식물의 청각은 전신에 널리 분포되어 있다. 식물은 지상부와 지하부를 통틀어 수백만 개의 미세한 귀로 뒤덮여 있는 셈이다. 그러므로 식물은 온몸으로 소리를 들을 수 있다.

요컨대, 식물의 청각은 다른 감각들과 마찬가지로 독특한 생활환경에 적응하여 진화한 것이라고 할 수 있다. 식물의 독특한 생활환경이란 하반신이 땅속에 묻혀 있고 하반신이 상반신보다 훨씬 더 민감한 것을 의미한다. 식물은 기계수용채널을 이용하여 땅속으로 울려 퍼지는 소리를 잘 들을 수 있으므로 굳이 귀를 발달시킬 필요가 없었다. 이 점은 뱀, 두더지, 벌레 등도 마찬가지다.

기계수용채널의 기능을 설명하기 위해 간단한 예를 하나 들어보겠다. 혹시 클럽에 가본 적이 있는가? 만약 있다면 강렬한 진동 때문에 당신의 몸속(아마도 배꼽쯤)에서 일종의 메아리가 울리는 것을 경험했을 것이다. 아무리 귀를 틀어막더라도 이 메아리만은 느낄 수 있을 것이다. 왜냐하면 음파가 당신의 몸을 진동시키기 때문이다. 식물의 경우도 마찬가지다. 식물은 24시간 내내 클럽에 있는 것이나 마찬가지라고 생각하면 된다. 그러나 식물이 진동을 느끼는 메커니즘은 인간보다 훨씬 더 정교하다.

생물학자들은 지난 몇 년 동안 많은 실험실 및 현장 연구를 통해 식물의 청각능력을 밝혀내려고 노력해왔다. 연구결과들은 하나같이 매우 흥미롭다. 최근 실시된 실험실 연구에서는 식물이 음파에 노출되면 유전자 발현이 촉진된다는 결과가 나왔다. 한편 국제식물신경생물학 연구소가 보스(음향기기 분야의 선도업체)의 지원을 받아 몬탈치노의 포도농장에서 실시한 연구에 의하면, 5년 이상 음악을 틀어놓고 포도를 재배한 결과 음악에 노출된 포도들은 그렇지 않은 포도보다 더 크게 자랄 뿐 아니라, 포도의 향, 색깔, 폴리페놀 함량이 풍부해지고 더 빨리 영글었다고 한다.

더욱이 음악은 곤충의 방향감각을 혼란시킴으로

써 곤충을 쫓는 효과가 있으므로 음악을 이용하면 살충제 사용을 획기적으로 줄일 수 있다. 이에 농업생물학에서는 음악의 효과를 농업에 이용하고자 농업음향생물학agricultural phonobiology이 새로 탄생했다. 현재 UN에서는 향후 20년간 녹색경제를 유지·발전시키기 위해 100개의 프로젝트를 추진하고 있으며, 2011년에는 유럽과 브라질이 손을 잡고 '지속가능한 발전위원회EUBRA'를 출범시켰다.

정말 놀랍지 않은가? 최근 몇 년 동안 음악은 뇌졸중, 혼수상태, 뇌전증, 수면장애 환자를 치료하는 데도 사용되어왔다. 음악은 긴장완화나 공부에 도움이 된다. 음악은 우리를 흥분시키고 감동시키며, 쾌락을 주거나 불쾌감을 유발하기도 한다. 심지어 소牛도 클래식 음악을 좋아하여 일본 효고 현兵庫県의 농가에서는 고베 소고기Kobe beef를 만들기 위해 음악을 틀어놓는다고 한다. 현대음악의 경우, 운동을 좋아하는 사람들은 특정음악이 도핑보다 더 효과가 크다는 것을 잘 알고 있을 것이다. 오죽하면 뉴욕마라톤 등 국제경기에서 이어폰 착용을 금지하겠는가? 식물을 대상으로 한 실험에서도 많은 효과들이 확인되었지만, 우리는 음악이 식물에게 미치는 영향을 아직 완전히 이해하지 못하고 있다. 물론 식물이 특정 종류의 음악을 선호하는지도, 또 여러 음악들을 구별하는지도 분명치 않다.

단, 식물의 생장에 영향을 미치는 것은 음악의 종류가 아니라 주파수라는 점을 분명히 해둘 필요가 있다. 특정 주파수, 특히 100Hz에서 500Hz사이의 베이스 음향의 경우 식물의 발아·생장·뿌리 뻗기를 촉진하지만, 그 밖의 주파수는 오히려 이를 억제하는 효과가 있다.

보다 최근의 연구결과에 의하면, 뿌리가 매우 넓은 범위의 음파를 인식하며 감지된 진동이 뿌리의 생장방향에 영향을 미친다고 한다. 그러므로 뿌리도 음파의 주파수를 듣고 구별한다고 말할 수 있다. 다시 말해서, 식물의 뿌리는 진동의 종류에 따라 음원 쪽으로 이동할 것인지 음원에서 멀어질 것인지를 결정한다는 것이다. 그렇다면 뿌리가 진동을 감지하는 것이 식물에게 무슨 이득이 될까? 아직까지는 잘 모르지만, 한 가지 생각은 매우 시사적이어서 여기서 언급할 가치가 있다.

몇 년 전까지만 해도 식물은 토양을 통해 전달되는 진동을 듣고 정보를 얻지만, 소리를 낼 수 없으므로 그 정보를 다른 부분에 전달할 수는 없다고 여겨졌다. 그러나 2012년 이탈리아의 연구팀이 발표한 논문에 의하면, 그 방법은 아직 알 수 없지만 식물의 뿌리도 소리를 낸다고 한다.

연구진은 뿌리가 내는 소리에 임시로 클리킹clicking이라는 이름을 붙였다. 왜냐하면 그 소리가 마치 찰칵click 소리처럼 들리기 때문이다. 이 미세한 '찰칵' 소리는 세포벽이 파열되는 소리일 가능성이 매우 높다(세포벽은 셀룰로오스로 구성되어 있으므로 제법 단단하다). 따라서 뿌리가 고의로 소리를 내는 것은 아니겠지만 이러한 소리들은 매우 중요하다. 사실 이 발견은 식물의 의사소통에 대한 새로운 시나리오를 쓰는 계기가 될 수 있다. 뿌리가 소리를 내고 감지할 수 있다는 것은 이전에 몰랐던 '지하 의사소통 경로'가 존재함을 시사하기 때문이다.

나아가 2012년의 연구결과에 의하면, 식물은 뿌리 뻗을 곳을 찾기 위해 땅을 효과적으로 탐색하며 이 과정에서 개별 식물들이 일종의 의사소통을 통해 조직적으로 행동한다고 한다. 마치 곤충떼처럼 말이다. 위치를 바꿀 수 없어서 공간활용 능력이 부족한 식물에게 있어서 이 같은 의사소통은 매우 큰 이득이 될 수 있다. 식물뿌리의 단체행동에 대해서는 5장에서 좀 더 자세히 살펴보기로 하자.

새로운 논문들이 '식물이 소리를 이용하여 서로 의사소통을 한다'는 사실을 지지한다면, 식물을 바라보는 우리의 눈은 완전히 바뀔 것이다.

6. 그 밖의 다양한 감각들

지금까지 식물도 우리처럼 다섯 가지 감각, 즉 시각, 후각, 미각, 촉각, 청각을 지녔음을 살펴보았다. 감각적 측면에서 식물은 우리보다 못할 것이 없으며, 오히려 우리보다 훨씬 더 민감하다. 식물학자들에 의하면 식물이 우리에게 없는 감각을 자그마치 열다섯 가지나 더 갖고 있다고 하니 말이다.

식물이 추가로 보유한 감각 중에는 발달한 이유를 쉽게 짐작할 수 있는 것들이 많다. 예컨대, 식물은 먼 거리에서도 토양의 수분을 정확히 측정하여 물이 있는 곳을 알아낸다. 식물은 일종의 습도계를 이용하는데, 그것은 수분이 '어디에', '얼마만큼' 있는지 알아내는 데 매우 유용하다. 동물과 달리 식물이 수분측정 능력을 보유하고 있는 이유는 따로 설명할 필요가 없으리라 믿는다. 이뿐만이 아

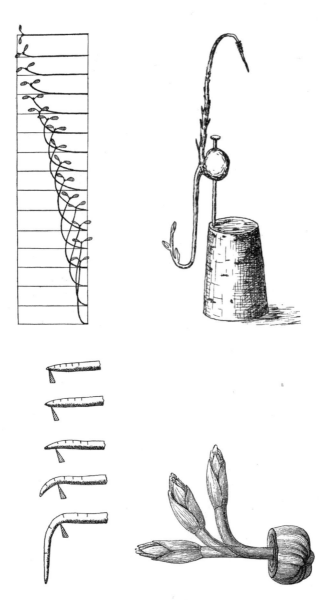

그림 3.7 굴중성gravitropism의 사례. 식물은 중력의 방향을 감지한다. 뿌리는 중력벡터 방향으로 자라며, 줄기와 가지는 그 반대방향으로 자란다.

니다. 중력과 전자기장은 식물의 생장에 영향을 미치는데, 식물은 중력과 전자기장도 감지해낸다. 그리고 공기와 땅 속에서 수많은 화합물의 농도기울기를 인식하고 측정하는 것이다.

식물은 이렇게 출중한 감각능력을 가지고 있으며 그중 어떤 것은 뿌리에, 어떤 것은 잎에, 그리고 어떤 것은 전신에 널리 분포한다. 그런데 놀라운 것은 그 능력들이 하나같이 매우 민감하고 정교하다는 것이다. 우리의 감각은 식물을 도저히 따라갈 수 없다.

식물은 생장에 중요하거나 해로운 미량원소가 어디에 얼마만큼 존재하는지를 몇 미터 떨어진 곳에서도 정확히 알아낸다. 식물의 뿌리는 영양소를 감지한 후, 그 방향으로 뻗어나가 흡수하게 된다. 이와 반대로 오염물질이나 납, 카드뮴, 크롬 등의 위험물질이 있을 경우, 식물은 이들로부터 가능한 한 먼 곳으로 뿌리를 뻗는다.

이상과 같은 능력들은 거의 1세기 동안 관찰되고 면밀히 연구되어 왔음에도 불구하고 적절한 평가를 받지 못했다. 그 이유는 우리가 식물을 수동적이고 무감각한 존재로 간주하는 문화에 젖은 나머지 '동물 고유의 속성들을 가졌을 리 없다'고 속단했기 때문이다. 그러나 우리의 평가와는 무관하게 식물들은 자신들의 능력을 이용하여 우리에게 큰 도움을 준다.

식물은 수만 가지 분자들을 합성하는데, 그중 상당수는 약전pharmacopoeia에 기재되어 있다. 그들은 소중한 산소를 생성하고 가장 널리 사용되는 건축자재(목재)를 제공한다. 고생대 석탄기에 매장된 식물들은 에너지(화석연료)로 전환되어 지난 수 세기 동안 산업발전의 원동력이 되었다.

식물은 지구를 깨끗하게 해주는 청정자원이다. 예컨대 플라스틱 산업에서 널리 사용되는 유기용매인 트리클로로에틸렌trichloroethylene(TCE)은 수자원을 오염시켜 식수로 사용될 수 없게 만든다. TCE는 분해되지 않은 채 수만 년 동안 그대로 남아 인류의 건강을 위협하지만 식물은 이를 흡수하여 염소 가스, 이산화탄소, 물로 전환시킨다.

식물의 능력을 이용하여 인간이 만든 독소를 해독하고 토양과 물의 오염물질을 제거하는 것을 식물환경복원phytoremediation이라고 한다. 식물환경복원 기술은 엄청난 경제적 가치를 지닌 것으로 평가되고 있지만 아직 시작단계일 뿐이며 그 가치는 무궁무진하다. 그럼에도 불구하고 우리 인간은 식물의 가치를 몰라보고 개발이라는 이름하에 삼림을 벌채하고 땅을 갈아엎음으로써 식물의 멸종에 앞장서고 있다. 그 바람에 식물은 무한한 잠재력과 가능성을 발휘하지도 못한 채 뿌리째 뽑혀 나가고 있으니 참으로 안타까운 일이다.

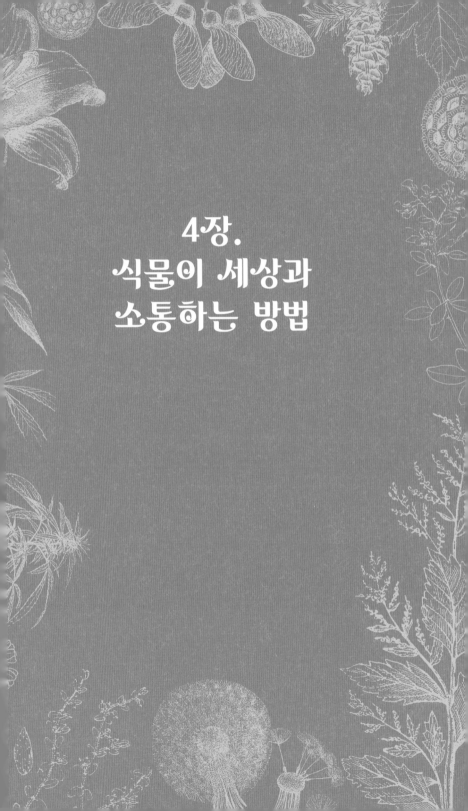

4장.
식물이 세상과
소통하는 방법

외부의 귀에는 들리지 않을지라도 이 나무들의 노래는 멈추지 않는다

Though to the outer ear these trees are now silent, their songs never cease.

– 《시에라에서 보낸 나의 첫 여름My First Summer in the Sierra》 중에서,

존 뮤어John Muir

광활한 우주의 어느 곳에 '말하는 식물'이 사는 행성이 있다. 식물들은 동물들과 정보를 교환하고 심지어 가장 복잡한 동물인 인간을 포함한 동물들도 식물의 말을 알아듣는다. 그뿐만이 아니다. 식물들이 동물의 말을 배워 자신들이 필요로 하는 도움을 받을 수도 있다.

식물들은 다른 식물과 동물의 정보망을 이용하여 경험과 인식의 범위를 확장시킬 수 있다. 그들은 소소한 도움을 받는 방법을 알며, 필요할 때(특히, 장소를 옮길 수 없어서 초식동물의 공격에 무방비로 노출될 때)는 다른 종種들을 개입시켜 중재仲裁를 받기도 한다. 마치 UN에 다국적 평화유지군 파견을 요청하는 것처럼 말이다. 또한 동물의 도움을 받아 번식하거나 서식지를 옮기거나 멀리 퍼져나갈 수도 있다.

가장 조용하고 수동적이며 제 몸 하나 건사할 능력도 없는, 혹은 없어 보이는 식물이 작은 벌레에서부터 인간에 이르기까지 모든 동물들에게 영향을 미치고, 어떤 면에서는 그들을 지휘하는 세상이 있다면 믿겠는가? 그런 세상은 생텍쥐페리의 동화에만 나오는 것이 아니라 현실에 이미 존재한다. 그곳은 바로 지구다.

1. 식물 내부의 의사소통

(1) 뿌리와 잎의 대화

식물을 구성하는 여러 부위들은 서로 의사소통을 할까? 결론부터 말하면 그렇다. 그렇다면 식물이 내부적인 의사소통을 통해 얻을 수 있는 이익은 뭘까? 이 의문을 풀어가다 보면 식물의 뿌리와 잎이 서로 대화를 나누는 이유를 이해하게 될 것이다.

식물은 자신이 보유한 감각을 이용하여 환경에 관한 정보를 수집함으로써 주변정세를 파악하고 행동방침을 정한다. 이 과정에서 식물은 수십 가지의 변수를 측정하고 수많은 데이터를 처리한다. 그러나 컴퓨터와는 달리 식물에게는 정보를 수집하는 것보다 그것을 실생활에 적용하는 것이 더 중요하다.

예컨대 식물의 뿌리가 인근의 토양에 물이 존재

하지 않음을 탐지했거나 식물의 잎이 초식동물의 침략을 알아차렸다고 하자. 이런 상황에서는 반드시 다른 부위에 정보를 전달해야 한다. 정보전달이 지연되면 식물 전체의 생명이 위협을 받을 수 있기 때문이다. 그런데 이런 정보전달 과정을 과연 의사소통이라고 부를 수 있을까?

이 질문에 대답하기 위해 먼저 의사소통의 개념부터 정의해보기로 하자. 의사소통의 뜻을 모르는 독자들은 없겠지만, 우리가 아무리 자주 사용하는 말이라도 때로는 의미를 재정의해볼 필요가 있다. 흔히 의사소통이라고 하면, 전송자sender가 수령자receiver에게 메시지를 전달하는 것을 말한다. 이 기본개념을 잘 살펴보면 '전송자와 수령자라는 의사소통의 두 당사자가 각각 상이한 생물체 안에 존재해야 한다'는 전제조건은 없다.

사실 인체를 생각해보더라도 여느 생물들과 마찬가지로 상이한 부위 간의 의사소통이 이루어지는 예를 얼마든지 찾아볼 수 있다. 예를 들어 우리가 돌부리를 걷어차면 통증을 느끼는데, 이것은 다리와 뇌가 의사소통을 했기 때문이다. 또한 우리는 부드러운 것을 만졌을 때 쾌감을 느끼는데, 이는 손에서 뇌로 촉감이 전달됐기 때문이다. 다른 동물들의 경우에도 여러 신체부위 사이에서 메시지가 전달되는 것은 마찬가지다.

무릇 모든 살아 있는 존재에게 의사소통은 필수적이다. 의사소통은 위험을 회피하게 해주고 경험을 축적하게 해주며, 자신의 몸 상태와 환경여건을 파악하게 해준다. 식물이 이런 중요한 메커니즘을 보유하지 않았을 것이라고 생각하는가? 뇌가 없어서 곤란할 거라고? 사실, 뇌는 내부적인 의사소통의 필수조건이 아니다. 곧 알게 되겠지만 식물은 내부적 의사소통의 달인이다.

물론 식물의 경우 외견상 의사소통이 불가능해 보이는 기술적 장벽이 존재하는 것은 사실이다. 왜냐하면 식물은 전기신호를 전문적으로 전달하는 생물학적 구조체, 즉 신경을 보유하지 못했기 때문이다. 이에 반해 동물들은 전기신호를 이용하여 말단에서 중추신경으로 정보를 전달한다. 그럼에도 불구하고 식물에게 있어서 메시지 전달의 중요성과 시급성은 동물에 결코 뒤지지 않는다. 뿌리에서 올라오는 정보는 잎에서 오는 정보만큼이나 식물에게 긴요하며, 식물이 생명을 유지하려면 이 정보를 다른 부위에 신속히 전달해야 한다.

몸의 한 부분에서 다른 부분으로 정보를 전달하기 위해 식물은 수압과 화학은 물론 전기신호까지도 이용한다. 식물은 이를 바탕으로 세 가지 독립된 시스템을 가동하는데, 이 시스템들은 때로는 독자적으로 때로는 힘을 합쳐 짧게는 몇 밀리미터에서 길게는 수십 미터에 걸친 장단거리 임무를 수행한다. 이 세 가지 시스템의 작동방식을 간단히 살펴보기로 하자.

(2) 관다발계

첫 번째 시스템은 가장 많이 사용되는 전기신호에 기반을 둔 시스템이다. 이것은 실질적으로 동물과 인간이 사용하는 전기시스템과 동일하지만, 특정한 방향으로 맞춤화customized되지 않았다는 점이 다르다. 예를 들어 우리는 식물에게는 신경체계가 없다는 이야기를 귀에 못이 박히도록 들어왔다. 여기서 신경이란 전기신호를 전문적으로 전달하는 조직으로 동물들이 신경자극을 전달할 때 사용한다.

식물이 신경을 갖고 있지 않다는 사실은 치명적 결격사유처럼 보인다. 신경이 없다면 신호를 어떻게 전달할 것인가? 식물은 매우 기능적인 해법을 고안해냈다. 즉, 하나의 세포에서 다른 세포로 신호를 전달할 때는 세포벽에 뚫린 원형질연락사plasmodesmata라는 구멍을 이용하고, 먼 거리(예컨대 뿌리에서 잎까지)로 신호를 보낼 때는 관다발계를 이용한다.

식물은 심장이 없지만 동물의 혈관계와 비슷한 관다발계를 보유하고 있다. 관다발계는 한 지점에서 다른 지점으로 물질을 수송하는 유압시스템hydraulic system으로, 중앙펌프, 즉 심장이 없다는 점만 제외하면 우리의 혈관계와 동일한 방식으로 작동한다(식물이 왜 심장과 같은 전문기관을 보유하고 있지 않은지에 대해서는 2장에서 설명한 바 있다). 식물은 이 순환기구를 이용하여 바닥에서 꼭대기까지, 그리고 꼭대기에서 바닥까지 액체를 수송한다. 이런 관다발계의 기능은 마치 동물의 동맥과 정맥을 연상시킨다.

동맥의 기능을 수행하는 것을 물관부xylem라고 하는데, 이것은 뿌리에서 가지와 잎이 달려 있는 수관crown까지 물을 수송하는 역할을 한다. 물관부는 주로 물과 무기염류를 운반하도록 최적화된 통도조직conductive tissue이다. 한편 정맥의 기능을 수행하는 것을 체관부phloem라고 하며 잎에서 생산한 당분을 열매와 뿌리로 수송한다. (xylem은 목질을 의미하는 그리스어 xulon에서 유래했고, pholem은 피질cortex을 의미하는 그리스어 phloios에서 유래했다.)

뿌리에서 흡수한 물이 잎에서 증산작용transpiration을 통해 대량으로 유실되는 것을 보면 식물이 이 같은 순환기구를 가진 이유는 자명하다. 물관은 유실된 수분을 지속적으로 보충하기 위한 장치라고 할 수 있다. 이와 반대로 광합성을 통해 생산된 당분은 식물의 주요 에너지원이므로 체관을 통해 생산장소에서 다른 부분으로 지속적으로 운반되어야 한다.

이처럼 복잡한 관다발계를 통해 전기신호는 마치 전도액conductive solution으로 가득 찬 튜브를 통과하는 것처럼 매우 부드럽고 신속하게 이동한다. 뿌리와 잎은 매우 멀리 떨어져 있다. 화학신호를 이용한다면 오랜 시간이 걸리겠지만 전기신호를 이용하면 토양의 수분상태 등의 긴급메시지를 신속하게 전달할 수 있다. 이렇게 해서 잎은 뿌리에서 보내온 메시지를 받아들여 검토한 다음 적절한 행동을 취하게 된다.

(3) 기공

기공stoma은 잎의 안쪽 표면에 존재하는 특별한 구조체로, 입mouth 또는 구멍opening을 의미하는 그리스어 stoma에서 유래한다. 구체적인 예를 들기 전에, 먼저 기공의 기능을 살펴보기로 하자. 기공은 잎 안쪽 표면에 뚫린 작은 구멍으로 피부의 모공과 마찬가지로 외계와 의사소통하는 기능을 담당한다. 기공의 입구에는 두 개의 공변세포guard cell가 자리 잡고 있다. 공변세포는 수분과 빛의 상태를 고려하여 기공의 개폐를 조절하므로 문자 그대로 문지기guard 역할을 하는 세포라고 할 수 있다.

공변세포의 임무는 보기보다 훨씬 더 복잡하다. 사실 식물의 상충되는 요구사항을 충족시키는 일은 결코 간단치가 않다. 광합성을 위해서는 이산화탄소가 필요하므로 이산화탄소가 들어올 수 있도록 최소한 낮 동안만이라도 기공을 열어두는 것이 좋다. 그러나 기공이 열려 있을 경우 증산작용을 통해 많은 수분이 손실된다는 문제점이 있다.

모든 식물들은 커다란 딜레마를 해결해야 한다. 기공을 열면 광합성을 통해 생존에 필요한 포도당을 얻을 수 있지만 많은 수분을 잃게 된다. 반대로 기공을 닫으면 수분을 유지할 수 있지만 광합성을 포기해야 한다. 이것은 매우 어려운 문제여서 식물이 올바른 의사결정을 내리는 메커니즘을 설명하기 위해 집단역학collective dynamics, 창발적 분산컴퓨팅emergent distributed computing과 같은 개념들이

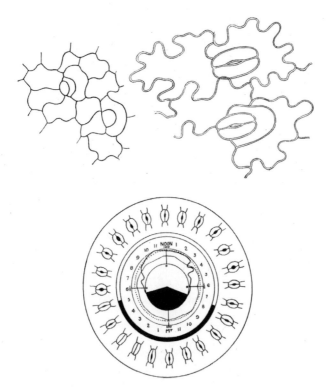

그림 4.1 기공의 구조(위). 잎은 표면의 기공을 이용하여 광합성에 필요한 이산화탄소를 받아들이고 물을 증발시킨다. 정상적인 조건 하에서 기공의 개폐 주기는 빛의 존재와 강도에 의해 조절된다(아래).

제안되었다. 이런 고차원적 개념들을 식물에게 적용하는 것은 일견 어불성설인 듯이 보인다.

그러나 식물이 올바른 결정을 내리는 것은 분명하다. 식물은 '당분생산'과 '수분보유'라는 두 가지 절박한 과제 사이에서 타협점을 찾는다(이 두 가지 임무는 모두 식물의 생존에 필수불가결하다). 한 가지 예를 들어보자. 한여름의 강렬한 태양은 태양전지판에도 소중하지만 식물의 광합성에도 소중하다. 그러나 햇빛에 많이 노출될수록 더 많은 에너지를 생성하는 태양전지판과는 달리 식물은 빛뿐만 아니라 수분 비축량도 감안해야 한다. 하루 중 햇빛이 가장 뜨거운 한낮에 식물이 기공을 닫아 광합성의 기회를 포기하는 것은 바로 이 때문이다. 그렇게 함으로써 식물은 과도한 탈수 dehydration의 위험에서 자신을 보호하는 것이다.

키가 매우 큰 세쿼이아나 참나무에서 뿌리가 갑자기 수분부족 상황(즉, 뿌리 주변의 토양에 물이 부족함)을 감지했다고 생각해보자. 이것은 잎에 빨리 알려야 하는 긴급상황이다. 왜냐하면 기공이 열려 있을 경우 증산작용이 계속되어 순식간에 식물이 고사枯死할 수 있기 때문이다. 식물의 사활이 달린 긴급 메시지는 신속하게 전달되어야 한다.

긴급메시지를 신속하게 전달하기 위해 식물이 사용할 수 있는 첫 번째 수단은 전기신호다. 전기신호는 짧은 시간에 잎에 도달하여 기공의 폐쇄를 재촉할 수 있다. 그러나 전기신호가 전부는 아니다. 식물은 전기신호를 보냄과 동시에 화학·호르몬 신호도 보낸다. 화학·호르몬 신호는 관다발계를 통해 서서히 잎에 도달하는데, 인간의 화학·호르몬 신호가 혈관계를 타고 전달되는 것과 원리가 똑같다. 화학·호르몬 신호와 전기신호에는 각각 일장일단이 있다. 화학·호르몬 신호는 속도가 느려서 키가 큰 나무의 경우에는 뿌리에서 잎까지 전달되는 데 며칠이 소요될 수도 있다. 그러나 전기신호보다 더 완벽한 정보를 담고 있다는 장점이 있다.

(4) 누출사고

식물의 유압시스템(관다발계)은 다른 종류의 메시지를 전달하는 데도 매우 유용하다. 식물을 하나의 폐쇄계 closed system라고 상상해보자. 당신은 식물의 가지, 잎, 줄기, 꽃 등을 따거나 꺾어본 적이 있는가? 만약 있다면 손상된 부위에서 흘러나오는 액체를 목격했을 것이다. 식물조직의 일부가 갑작스럽게 손상되면 유압시스템이 고장 난다. 그러면 손상부위에서는 액체를 방출하여 그곳에서 유출사고가 발생했다는 소식을 식물 전체에 알린다. 액체는 간단하면서도 매우 중요한 경고 메시지다. 경고 메시지를 받은 식물은 즉시 손상된 위치를 파악하여 그 부분에 흉터를 형성한다.

이상에서 살펴본 바와 같이 식물의 세 가지 신호전달시스템은 상호 보완적이다. 이 시스템들은 장거리와 단거리를 불문하고 다양한 정보를 전달하고 식물의 생명과 평형을 유지하는 데 기여한다. 이런 관점에서 보면 식물은 우리와 별반 다를 것이 없다. 그러나 이와 같은 유사점에도 불구하고 식물의 내부 의사소통 경로는 동물과 완전히 다른 구조를 갖고 있다. 동물은 중앙집권화된 뇌를 보유하고 있어서 모든 신호들이 그곳으로 집중되지만 식물은 특유의 모듈성과 반복성 덕분에 여러 개의 데이터처리센터를 운영할 수 있다.

식물은 데이터처리센터를 이용하여 매우 다른 종류의 신호들을 처리할 수 있다. 우리 인간은 다리에서 손이나 입으로 직접 메시지를 전달할 수 없으며, 몇 가지 예외를 제외한 모든 신호들은 일단 뇌에서 처리된 다음 전달된다. 그러나 식물은 뿌리에서 수관으로 그리고 수관에서 뿌리로 메시지를 전달할 뿐 아니라 하나의 뿌리나 잎에서 다른 뿌리나 잎으로도 메시지를 전달할 수도 있다. 왜냐하면 식물은 분산지능distributed intelligent을 갖고 있기 때문이다. 중앙처리센터가 없다는 사실은 정보가 늘 같은 경로를 통과하지 않으며 필요에 따라 신속하고 효과적으로 전달된다는 것을 의미한다.

2. 식물 상호 간의 의사소통

(1) 식물의 신체언어

나는 3장에서 식물의 감각을 설명하면서 식물들이 일종의 '언어'를 이용하여 의사소통을 한다고 말한 바 있다. 식물의 언어는 수천 가지의 화학분자로 구성되어 있는데, 이 분자들은 다양한 종류의 정보를 담은 채 공기나 물을 통해 퍼져나간다. 이러한 분자들의 방출은 마치 인간이 분절화된 소리를 내는 것처럼 식물이 선호하는 의사소통 방법이기는 하다. 그러나 우리 인간들은 언어 이외에 제스처, 얼굴표정, 태도, 몸짓 등으로도 의사소통을 한다. 이 같은 의사소통 체계는 종마다 다르지만, 많은 동물들, 특히 고등동물들 사이에 존재한다.

그렇다면 식물은 어떨까? 식물들도 신체언어, 즉 신체접촉, 위치선정, 제스처 등을 통해 이웃들과 의사소통을 한다. 신체접촉은 뿌리를 통해 이루어지지만, 때로는 지상부를 통해 이루어지기도 한다. 위치선정은 '그늘탈출' 과정에서 나타나는 현상인데, 식물들은 햇빛을 받기 위한 경쟁에서 이기기 위해 다양한 자세를 취한다(3장 '식물이 세상을 감각하는 방법' 참고).

제스처를 이용한 의사소통의 예는 '수관기피crown shyness'다. 수관기피란 프랑스의 식물학자 프랑시스 알레(1938–)가 붙인 이름으로, 나무들이 성장하는 과정에서 아무리 가까이 다가가더라도 서로의 수관을 건드리지 않는 현상을 말한다. 그러나 수관 기피는 모든 식물에서 나타나는 현상은 아니다. 대부분의 나무들은 수관이 서로 뒤엉켜도 개의치 않지만, 참나무과Fagaceae, 소나무과Pinaceae, 도금양과Myrtaceae 식물 등은 매우 내성적이어서 서로 몸이 닿는 것을 좋아하지 않는다.

내 말이 믿기지 않는다면 소나무 숲에 들어가 위를 쳐다보라. 소나무들끼리 수관이 맞닿지 않으려고 애쓰는 광경을 볼 수 있을 것이다. 그들은 이웃의 잎들과는 물론 자기 자신의 잎끼리도 일정한 거리를 유지함으로써 불필요한 접촉을 피하려고 노력한다. 마치 결벽증이 있는 사람들처럼 말이다. 이유와 과정은 알 수 없지만, 그들은 모종의 신호를 전달하여 자신의 위치를 상대방에게 알리고, 일종의 영토분점territorial partitioning을 통해 서로 간섭하지 않기로 동의한 것으로 보인다.

(2) 식물도 친척을 알아본다

식물은 다양한 수준에서 상호작용을 하며, 그 과정에서 여러 가지 동물적 성향을 드러낸다. 예컨대, 어떤 종들은 다른 종들보다 더 경쟁적이거나 공격적이거나 협동적이거나 내성적이다. 그러나 그게 전부가 아니다. 식물은 해부학적 수준에서 동물과 별로 비슷하지 않지만, 행동 수준에서는 매우 비슷하다. 그도 그럴 것이, 모든 생물체는 기본적으로 동일한 목표를 갖고 있으며, 그것을 달성하는 방법도 거의 비슷하기 때문이다. 하지만 동물과 식물의 행동이 아무리 비슷하더라도, 도저히 공통점을 찾아볼 수 없을 것 같은 구석이 하나 있다. 그것은 바로 가족이다. 식물은 가족이 없으니, 동물에서 볼 수 있는 친척들 간의 연대도 있을 리 없어 보인다. 그러나 과연 그럴까?

우리는 식물의 세계에 친족이나 집단의 개념이 있으리라 기대하지 않는다. 우리는 친족이나 집단이 인간이나 그 밖의 고등동물들처럼 매우 진화된 종의 전유물이며, 식물에게는 전혀 어울리지 않는다고 생각하는 경향이 있다. 그러나 식물도 친척을 인식하며, 일반적으로 남들보다 친척들에게 더 호의적이다. 식물이 이와 같은 성향을 발달시킨 이유를 알고 싶으면, '친척끼리 뭉치는 성향'의 이점을 생각해보면 된다. 이 세상에 이유 없는 결과는 없으며, 친척 간의 유대관계도 예외는 아니다. 자신과 유전적 유사성genetic similarity이 강한 개체를 인식하는 능력은 모든 종에게 중요하며, 진화적·행동적·생태적 이익을 제공한다. 예컨대 친척과 화목하게 지내는 생물들은 불필요한 다툼에 에너지를 낭비하지 않으므로, 그렇지 않은 생물들에 비해 영토관리와 자기방어에서 유리한 위치에 서게 된다. 무엇보다도, 유전적으로 가까운 친척들끼리 뭉칠 경우 친척의 성공에 편승하여 간접적인 이익을 챙길 수 있다.

친척을 챙기는 성향의 이점을 완전히 이해하려면, 자연계 모든 생물의 주된 목적은 유전적 대물림genetic inheritance을 성취하는 것임을 명심할 필요가 있다. 친척을 인식하는 능력은 생존과 번식에 매우 유리하다. 왜냐하면 친척끼리 협동하여 힘을 합치면 역경을 이겨내고 자신들의 유전자를 후세에 물려줄 수 있기 때문이다. 자신과 근연관계에 있는 부모, 형제, 자매, 근친과 경쟁하는 것은 에너지 낭비일 뿐이다. 그러므로 식물이 유전적으로 가까운 친척을 편애한다는 사실에는 하나도 이상할 것이 없다.

동물들은 시각, 청각, 후각, 때로는 미각 등의 감각을 이용하여 친족을 인식한다. 이에 반해 식물의 경우, 뿌리나 잎 등에서 방출하는 화학신호 교환을 통해 친족을 인식하는 것으로 생각된다(단, 생물학자들은 잎의 경우에 대해서는 아직 합치된 결론을 내리지 못하고 있다).

식물이 동물과 결정적으로 다른 점은 고착생활을 한다는 것이다. 출생지에서 조금도 벗어날 수 없으므로, 식물은 영토에 집착하는 생물로 진화했음에 틀림없다. 따라서 식물의 영토방어 능력은 어느 동물보다도 뛰어나리라고 추론할 수 있다. 사실 식물은 맹렬한 싸움꾼인데,

그 이유를 이해하기는 어렵지 않다. 동물의 경우, 다른 동물과의 경쟁에서 열세에 몰릴 경우 다른 곳으로 이동하면 그만이다.

그러나 식물은 그럴 수가 없으므로, 주변(때로는 몇 센티미터 떨어진 곳)에 존재하는 식물들과 한정된 자원을 나눠가져야 한다. 그렇다고 해서 식물이 다른 식물의 존재를 늘 기정사실로 받아들이는 것은 아니다. 그와 반대로, 식물은 모든 침입자들로부터 자신의 공간을 지키기 위해 지속적으로 투쟁한다. 식물은 영토방어를 위해 에너지의 상당 부분을 지하부hypogeal part에 투자한다. 식물은 무수한 뿌리를 뻗어 마치 군대와 같이 토양을 점령하고 이웃 식물들에게 영유권을 주장한다. 그러나 늘 그런 것은 아니다. 만약 이웃의 식물이 친척이라면 서로 경쟁할 필요가 없으므로, 뿌리의 수를 최소한도로 줄이고 남는 자원을 지상부에 투자한다.

2007년, 간단하지만 중요한 논문 한 편이 발표되어 식물의 가족행동familial behavior 연구에 불을 비추었다. 캐나다 맥마스터 대학교의 연구진은 두 개의 화분을 준비하여, 한 화분에는 동일한 모계의 서양갯냉이Cakile edentula 씨앗 30개를, 다른 화분에는 다른 모계의 서양갯냉이 씨앗 30개를 각각 심었다. 그리고 두 화분에서 자라는 식물의 행동을 관찰한 결과, 종전에는 동물에게만 존재한다고 여겨졌던 진화 메커니즘들이 여럿 발견되었다. 즉, 모계가 다른 30개의 식물들이 한 화분에서 자랄 경우, 그것들은 예상했던 대로 영토지배와 수분 및 양분 확보를 위해 경쟁적으로 뿌리를 뻗었다. 그리고 그 과정에서 다른 식물들에게 불이익을 주는 것으로 나타났다. 그러나 모계가 같은 식물들이 한 화분에서 자라는 경우에는 분위기가 사뭇 달랐다. 그들은 뿌리를 덜 뻗으며 제한된 공간에서 공존하고, 남는 에너지를 지상부에 투자하는 것으로 나타났다.

이상의 관찰결과는 '식물이 유전적 근접성genetic proximity을 고려하여 비경쟁적 행동을 취한다'는 것을 시사하며, '식물은 단순한 행동을 반복한다'는 전통적 견해와 완전히 배치된다. 연구진은 "식물은 이웃 식물을 무조건 경쟁자로 간주하지 않으며, 유전적 친족관계를 포함한 다양한 요인을 고려하여 차등대우한다"라는 결론을 내렸다. 즉, 식물은 이웃 식물을 만났을 때 먼저 유전적 친화성을 따져보고, 친족으로 판명될 경우 경쟁보다는 협력을 선택한다는 것이다.

(3) 식물과 곰팡이의 공생

진화적 관점에서 이기적 행동과 이타적 행동 중 어느 쪽이 더 유리할까? 진화생물학자들은 아직 결론을 내리지 못하고 있다. 더욱이 지금까지 수많은 시뮬레이션과 모형들이 구축되었지만, 모두 동물에 관한 것이어서 식물 세계에 적용할 수 있는 경우는 아무것도 없다. 앞에서 살펴본 바와 같이, 식물이 친족에 대해 이타적 행동을 취한다는 것은 시사하는 바가 많다. 왜냐하면 그것은 두 가지 혁명적 가능성을 제시하기 때문이다. 첫 번째 가능성은 식물이 생각보다 훨씬 더 진화한 생물이라는 것이다. 두 번째 가능성은 이타심과 협동은 생명의 원초적 형태임에도 불구하고, 우리는 늘 '순수한 경쟁이 지배적 원리이며 승리한 자가 더 강력해진다'고 여겨왔다는 것이다. 어느 쪽이 더 타당하든, 뿌리를 통한 식물 상호간의 의사소통은 분명한 진화적 목적을 갖고 있다. 그것은 '친족과 이방인', '친구와 적'을 구별하는 것이다.

　　뿌리의 행동을 좀 더 살펴보면(뿌리의 특별한 능력에 대해서는 5장에서 상세히 검토할 것이다), 식물의 뿌리는 다른 식물은 물론 근권rhizosphere에 서식하는 미생물들과도 의사소통을 한다(rhizosphere는 그리스어에서 유래하는 용어로, '뿌리'를 뜻하는 rhiza와 '권역'을 뜻하는 sphaira의 합성어다). 근권은 뿌리와 접촉하는 토양 부분을 말하며, 이곳에는 수많은 종류의 생물들이 서식한다. 많은 사람들이 토양을 불활성 기질inert substrate로 오해하고 있지만, 실제로 토양은 살아 있으며 수많은 생명체들이 밀집해 있는 환경이다. 미생물, 세균, 진균, 곤충은 토양 속에서 특별한 생태적 틈새ecological niche를 형성하며, 그것은 식물과의 의사소통 및 협력을 통해 균형을 유지한다.

　　매우 흔한 예의 하나로 균근mycorrhizae을 들 수 있다. 균근은 특별한 형태의 공생집단으로, 곰팡이의 식물부vegetative part와 식물의 뿌리가 지하에서 공생하는 것을 말한다(mycorrhizae는 그리스어에서 유래하는 용어로, '곰팡이'를 뜻하는 mykes와

'뿌리'를 뜻하는 rhiza의 합성어다). 곰팡이의 식물부는 우리가 숲에서 흔히 보는 부분으로 식용으로 사용하기도 한다. 특정한 경우 곰팡이가 식물을 소매sleeve처럼 둘러싸고 식물세포 안으로 침투하기도 하는데, 이런 종류의 공생을 상리공생 mutually beneficial symbiosis이라고 부른다. 이렇게 이름 붙인 이유는 공생이 식물과 곰팡이 모두에게 유리하기 때문이다. 즉 곰팡이는 뿌리에 인phosphorus과 같은 미네랄을 제공하고, 그 대가로 식물이 광합성을 통해 생성한 당분을 제공받아 에너지원으로 사용한다.

그러나 이처럼 일견 편리해 보이는 공생관계에도 몇 가지 놀라운 것이 있다. 문제는 모든 곰팡이들이 협동적이고 평화로운 목적을 지닌 것이 아니라는 것이다. 어떤 곰팡이들은 병원성이 있어서, 뿌리에 달라붙어 영양분을 빨아먹는 과정에서 식물을 죽이기도 한다. 그러므로 식물은 자신에게 접근해오는 곰팡이 중에서 '친구'와 '적'을 구별할 필요가 있다.

그렇다면 그 방법은 뭘까? 그것은 곰팡이가 내뿜는 화학신호를 받아들여, 곰팡이의 의도를 파악하는 것이다. 화학적 대화chemical dialogue를 통해 곰팡이가 적의敵意를 품고 있는 것으로 확인되면, 식물도 적대행동을 개시할 것이다. 반대로 선의를 가진 균근균mycorrhizal fungus으로 확인된다면, 공생을 통해 상호이익을 추구할 것이다.

(4) 콩과 식물과 질소고정세균의 공생

의사소통을 통한 상리공생의 또 다른 예는 콩과 식물과 질소고정세균 간의 관계다. 질소고정세균은 다른 몇 가지 세균과 마찬가지로 매우 특별한 능력을 보유하고 있는데, 그것은 대기 중의 질소가스를 고정한 다음 질소 원자 간의 결합을 끊어 암모니아로 전환시키는 것이다.

많은 비료들이 질소화합물을 기반으로 하고 있는 데서 잘 알 수 있듯이, 질소는 토양을 비옥하게 하는 주요 영양소다. 우리가 들이마시는 공기의 80퍼센트가 질소이지만, 이것은 불활성 기체여서 식물이나 기타 생물들이 사용할 수 없다. 그러나 소수의 질소고정세균만은 예외다.

질소고정세균은 질소기체를 암모니아 등의 질소화합물로 전환시켜 식물에 쉽게 흡수되도록 해준다. 한마디로 말해서, 그들은 천연비료인 셈이다. 하지만 식물이 일방적으로 받아먹기만 하는 것은 아니다. 식물은 세균에게 아늑한 보금자리를 제공하고, 풍부한 당분을 제공한다. 그러므로 식물과 질소고정세균 간의 관계는 의사소통과 인식에 입각한 상리공생관계의 전형이라고 할 수 있다.

그러나 식물이 모든 세균을 환영하는 것은 아니다. 상당수의 세균들은 병원성이 있어서, 식물은 자신을 보호하기 위해 난공불락의 장벽을 구축한다. 그러므로 질소고정세균은 식물의 뿌리에 입성하기 전에, 길고 복잡한 화학적 대화를 나눠야 한다. 이러한 대화는 세균이 근류착생인자nodulation factor(NOD 인자)를 내뿜는 것으로 시작된다. 식물이 NOD 인자를 인식해야만 장벽을 통과할 수 있으므로, NOD 인자는 일종의 암구호라고 할 수 있다.

이와 같은 공생관계는 공생자symbiont 간의 긴밀한 의사소통을 기반으로 성립되므로, 오랜 세월에 걸쳐 구축된 협동관계가 없다면 존속할 수 없다. 우리는 공생관계가 식물이나 하등생물에 국한되는 것으로 생각하기 쉽지만, 사실 인체 내에도 이와 유사한 공생관계가 확립되어 있다.

미심쩍어하는 독자들을 위해 한 가지 예를 들어 보겠다. 미토콘드리아는 인간을 비롯한 모든 동식물 세포의 에너지 공장이다. 미토콘드리아가 각각의 세포 내에 들어 있지 않다면, 고등생물의 삶은 상상할 수조차 없다. 그런데 생물학자들의 연구결과에 의하면, 미토콘드리아는 원래 강력한 산소대사 능력(에너지 생성 능력)을 가진 원시세균이었다고 한다. 즉, 아주 오랜 옛날 세포와 원시세균이 만나 에너지와 영양분을 주고받으며 공생관계를 유지하다가, 어느 시점에 가서 원시세균이 아예 세포 안으로 들어와 눌러앉게 되었다는 것이다.

이러한 이론을 뒷받침하는 증거는 많다. 미토콘드리아는 세균의 전형적인 특징을 많이 갖고 있다. 즉, 세균의 막膜과 비슷한 막을 갖고 있고, 닫힌 원형 이중나선 DNAclosed circular double-helical DNA를 갖고 있으며, 결정적인 것은 세포와 별도로 복제를 한다는 것이다. 세포와 원시세균의 공생은 복잡한 생물이 진화하는 과정에서 매우 중요한 역할을 한 것으로 생각된다.

이처럼 지구상에 존재하는 모든 생명체들(인간 포함)은 다양한 공생관계에 의존하고 있다. 만약 우리가 그중의 일부를 조작할 수 있다면, 그 결과는 엄청날 것이다. 예를 들어 콩, 병아리콩, 렌즈콩, 완두콩과 같은 콩과 식물과 질소고정세균 간의 공생을 모든 작물로 확대할 수 있다면, 농업혁명을 일으킬 수 있을 것이다. 질소비료를 사용하지 않고 토양, 강, 바다의 오염도 없이 생산성을 높여 전 세계 인구를 먹여살릴 수 있다. 이것은 결코 실현 불가능한 꿈이 아니다.

제2차 세계대전이 끝난 후 오늘날에 이르기까지 농작물의 생산성은 지속적으로 상승해왔는데, 이는 대부분 1960년대에 일어난 녹색혁명 덕분이다. 수확량이 많고 병충해에 강한 품종을 개발함과 동시에 화학비료를 사용함으로써, 녹색혁명은 수년 동안 경작지 면적을 늘리고 농업 생산량을 증대시키는 등 큰 업적을 이룩했다. 그러나 이제 농업생산량의 상승세는 한풀 꺾였고, 60년 만에 처음으로 경작지 면적이 증가하지 않고 있다. 세계인구는 계속 증가하고 있는데, 기후변화 등의 영향으로 경작지 면적은 오히려 감소하고 있는 실정이다.

그렇다면 이러한 난국을 타개하고 전 세계 인류를 부양하려면 어떻게 해야 할까? 해답은 단 하나, 답보상태에 있는 녹색혁명을 회생시켜, 기존의 방법과는 달리 환경을 고려하면서 지속가능한 방법으로 다시 추진하는 것이다. 세부적인 실행계획으로, 콩과 식물과 질소고정식물 세균 간의 공생관계를 다른 식물에게로 확장하는 것도 고려할 만하다. 식물의 의사소통능력을 이용하여 전 세계 인류에게 먹거리를 공급하는 것이다. 어떤가, 멋지지 아니한가?

3. 식물과 동물 간의 의사소통

(1) 우편과 원거리통신

앞에서 살펴본 바와 같이, 식물의 내부적 의사소통은 매우 효율적이다. 그런데 외부세계와의 의사소통은 어떨까?

식물은 태어난 장소에서 한 발자국도 움직일 수 없으므로, 외부세계와 메시지를 주고받으려면 누군가의 도움이 필요하다(꽃가루나 씨앗을 운반하는 것도 마찬가지다). 그래서 식물은 일종의 우편제도를 채택했다. 때로는 공기나 물을 이용하지만, 식물은 대부분의 경우, 특히 방어나 번식과 같은 미묘한 목적을 위해 동물을 우편배달부로 이용한다.

동물에게 메시지를 맡겨 배달하게 하는 것은 매우 훌륭한 전략이라고 할 수 있다. 인간이 수 세기 동안 비둘기를 이용하여 소식을 전해왔던 것만 봐도 잘 알 수 있다. 민감한 메시지를 유리병이나 종이비행기를 이용해 보낼 수는 없지 않은가? 그런데 식물은 어떻게 곤충과 동물을 설득하여 우편배달부로 써먹는 것일까?

　　나는 후에 나오는 '정직한 식물과 부정직한 식물'에서, 식물의 다양한 짝짓기 방법과 동물을 설득하여 수분 pollination과 전파propagation를 돕게 하는 방법을 자세히 다룰 것이다. 여기서는 그에 앞서서, 식물이 동물의 도움을 얻기로 결정하게 된 배경과 동기를 생각해보기로 하자. 먼저 가장 흔한 목적이라고 할 수 있는 방어 문제부터 이야기하겠다.

(2) 식물의 방어전략

　　곤충 한 마리가 식물에 내려앉아 잎을 갉아 먹기 시작한다고 가정해보자. 식물은 공격당하고 있음을 깨닫는 즉시 방어전략을 가동한다. 첫째로, 식물은 공격자의 신분을 확인한다. 공격 주체가 누구인지를 알아야 제대로 된 방어작전을 수행할 수 있기 때문이다.

　　둘째로 식물은 공격자를 응징하기 위해 무기를 사용하는데, 식물이 가장 많이 사용하는 무기는 화학무기다. 식물은 특별한 화학물질을 생성하여 맛없거나 소화가 안 되거나 심지어 독성을 띤 잎을 만든다. 그러나 이 세상에 공짜는 없는 법이다. 화학물질을 만드는 데도 에너지가 들어가기 마련인 것이다. 따라서 귀중한 에너지가 낭비되는 일을 막기 위해, 억제물질deterrent substance의 생성장소는 공격받는 잎과 그 주변의 잎으로 국한한다. 최소한의 물질로 곤충에게 겁을 주어 쫓아낼 수 있다면, 굳이 전면전을 펼칠 필요가 없기 때문이다.

식물은 매우 치밀하고 계산적이다. '문제해결에 필요한 자원의 최소량은 얼마인가?'가 최대 관심사이므로, 굳이 사생결단을 하고 침략자에게 덤벼들 필요를 느끼지 않는다. 잎사귀 한두 개를 맛본 곤충이 먹기를 포기하고 날아가 버리면 그만이다. 이 같은 계산과 전략은 거의 대부분 성공한다.

사실 식물의 입장에서 볼 때, 곤충에게 먹힌 잎 한두 개를 복구하는 건 식은 죽 먹기다. 심지어 몸의 일부를 잃어도 그리 대수로운 일은 아니다. 앞에서도 언급한 것처럼 식물은 여러 개의 모듈로 구성되어 있어서, 몸의 상당 부분이 제거돼도 기능이나 생명에는 아무런 지장이 없기 때문이다. 식물이 곤충의 공격에 적극적으로 대처하지 않고 미온적으로 반응하는 것은 바로 이 때문이다.

그러나 곤충이 화학물질 살포에 개의치 않고 계속 잎을 갉아 먹거나 새로운 곤충이 가세한다면, 식물은 좀 더 강력한 수단을 동원하지 않을 수 없다. 어떤 경우에는 모든 잎에서 억제물질을 분비하거나, 공기 중으로 휘발성 화학신호를 내뿜어 이웃 식물들의 동참을 촉구한다. 심지어 식물이 응원군을 부르는 경우도 있다.

(3) 적의 적은 나의 친구

초식동물과 식물 간의 생존을 건 전쟁은 무려 4억 년 동안 계속되어왔다. 초식동물 중에서 식물에게 가장 중요한 그룹은 두말할 것도 없이 곤충이다. 곤충들에게 있어서 식물은 지상낙원이다. 그들은 식물에서 다양한 서식지와 생태적 틈새ecological niche를 발견하며, 풍부한 식량도 얻는다. 식물과 곤충 간의 끊임없는 갈등은 양쪽 모두에게 엄청난 선택압selective pressure으로 작용하여, 그들의 형질을 결정함과 동시에 시간적·공간적 분포에 큰 영향을 미쳤다.

곤충의 공격과 그로 인한 손상에 대처하기 위해, 식물은 일련의 방어전략을 개발해왔다. 식물은 그저 멍하니 서서 당하고만 있지 않고, 끊임없이 새롭고 효과적인 공격방법을 고안해온 것이다. 그것은 일종의 무한 군비경쟁으로, 식물과 초식동물의 공진화coevolution를 초래했다. 식물과 초식동물은 영원한 맞수로, 오랜 세월 동안 맞닥뜨리는 과정에서 서로를 잘 알고 있다.

혹시 샐러드의 포장에서 '병충해종합관리integrated pest management(IPM)'라는 문구를 읽어본 적이 있는가? IPM이란 채소를 재배할 때 살충제 대신 해충(초식곤충)의 천적을 이용함으로써 살충제 사용을 줄이는 방법을 말한다. 채소밭에 살충제를 뿌리는 대신 초식곤충의 천적을 살포하면, 초식곤충이 천적에게 잡아먹히거나 최소한 채소 곁에 얼씬거리지 못하게 된다. 비록 천적의 개체 수를 적정수준으로 조절하는 것이 어렵기는 하지만, IPM은 '적의 적은 나의 친구'라는 원리를 이용한 매우 영리한 전략이라고 할 수 있다. 이런 방법은 다른 말로 이이제이以夷制夷 전략으로 불리기도 한다.

하지만 많은 식물들은 인간의 도움을 받지 않고서도 스스로 이이제이의 원리를 깨쳐 널리 사용하고 있다. 그들은 초식곤충의 천적을 휘발성 화학물질로 꾀어 보디가드로 이용하는데, 이런 수법은 에너지를 별로 소비하지 않고 탁월한 효과를 얻는다.

이이제이 전략을 구사하는 대표적인 식물은 리마콩lima bean이다. 리마콩은 점박이응애Tetranychus urticae의 공격을 받으면, 휘발성 화학물질의 혼합물을 분비하여 칠레이리응애Phytoseiulus persimilis를 불러들인다. 칠레이리응애는 육식성 진드기로, 점박이응애와 같은 초식성 진드기를 잡아먹어 이내 씨를 말려버린다. 적의 공격을 인식하고, 그 천적에게 구조를 요청하는 리마콩의 행동은 그저 놀랍기만 하다.

독자들은 얼마나 많은 식물들이 이와 같은 전략을 발달시켰는지 궁금할 것이다. 수많은 식물들이 있지만, 독자들에게 익숙한 이름을 몇 가지만 말해보면 옥수수, 토마토, 담배 등이 있다.

(4) 옥수수의 슬픔

나는 앞에서 식물이 초식동물에게 잎을 공격받을 때 어떤 행동을 취하는지 설명했다. 그런데 만약에 잎이 아니라 뿌리를 공격받는다면 어떨까?

옥수수를 예로 들어 설명해보겠다. 미국의 경우 옥수수 수확량이 지난 몇 년 동안 감소하여 농부들에게 수억 달러의 손실을 입혔는데, 그 주범은 옥수수근충*Diabrotica virgifera*이다. 옥수수근충의 유충은 옥수수 뿌리를 갉아 먹어 (방어능력이 없는) 어린 옥수수를 고사시킨다. 그러므로 자위능력의 측면에서 보면 옥수수는 실패작인 것처럼 보인다.

그러나 본래는 그렇지 않았다. 유럽에서 가장 오래된 옥수수 품종과 야생 옥수수를 살펴보면 오늘날의 옥수수와 완전히 다르다. 이 둘은 모두 오랜 자연선택을 거쳐 옥수수근충의 공격으로부터 자신을 지킬 수 있도록 진화했다. 그러나 인간의 손때가 타면서 사정이 달라졌다.

우리가 알이 굵고 많이 달린 다수확 품종을 육종해내는 과정에서 그만 옥수수의 자위능력이 사라지고 만 것이다. 오래된 옥수수 품종은 옥수수근충의 유충이 뿌리 근처에 모여들면 카리오필렌caryophyllene이라는 물질을 생성하는데, 이 물질의 기능은 단 하나다. 바로 선충nematode이라는 작은 벌레를 불러들이는 것이다. 불려온 선충은 옥수수근충의 애벌레를 배불리 잡아먹음으로써 옥수수를 기생충에서 해방해준다.

인간은 어이없는 실수로 자위능력이 없는 품종

을 선택함으로써 어마어마한 대가를 치르고 있다. 전 세계적으로 옥수수근충으로 인한 손실은 매년 10억 달러에 이르는 실정이다. 지난 수십 년 동안 옥수수근충은 옥수수를 끈질기게 괴롭혀왔고, 농부들은 큰돈을 들여 수천 톤의 살충제를 공중에 뿌렸다.

보다 못한 생물학자들은 연구 끝에 유전공학의 힘을 빌려 옥수수의 자위능력을 회복시켰다. 현대의 옥수수 품종은 오레가노oregano에서 빌린 유전자를 이용하여 카리오필렌을 생성하고 있다. 결국 본래의 옥수수는 사라지고 그 자리를 유전자변형식물genetically modified(GM) plant이 차지하게 되었다.

(5) 식물의 성

식물이 동물과의 의사소통을 가장 필요로 하는 때는 수분pollination 시기다. 이 시기는 식물의 번식기라고 해도 무방하며, 식물의 일생에서 가장 중요한 시기라고 할 수 있다. 식물이 성공적으로 번식하려면 이때를 놓치지 말아야 한다.

식물의 수분 방법은 종마다 다르지만, 제라늄에서 참나무에 이르기까지 몇 가지 공통법칙이 적용된다. 예컨대 많은 식물의 경우, 수정이 이루어지려면 꽃가루(인간으로 치면 정액에 해당)가 웅성雄性 생식기관(수술)에서 자성雌性 생식기관(암술)으로 운반되어야 한다. 그러나 이와 관련된 식물

그림 4.2 꽃가루 과립 그림. 이 과립들은 식물의 수배우자male gamete에 해당된다.

과 동물 간의 의사소통에 대해 알아보기 전에, 먼저 식물의 생식과정을 자세히 살펴보는 것이 좋겠다.

첫 번째로, 식물은 생식방법에 따라 자식성식물 autogamous plant과 타식성식물allogamous plant로 분류된다. 자식성식물은 자가수분self pollination을 이용하여 수술stamen에 있는 꽃가루를 암술pistil로 옮기는데, 이 경우 수술과 암술은 모두 한 꽃 안에 존재한다. 이에 반해 타식성식물은 꽃가루가 꽃밥(anther: 수술의 끝부분으로 꽃가루 과립을 포함하고 있음)에서 암술머리(stigma: 암술에서 꽃가루를 받아들이는 부분)로 운반되어야 하는데, 이 경우 꽃밥과 암술머리는 각각 다른 꽃에 존재한다. 그러므로 타식성식물의 생식방법을 교차수분cross pollination이라고 한다.

두 번째로, 식물은 생식기관이 존재하는 위치에

따라 암수한꽃hermaphroditic, 암수딴그루dioecious, 암수한그루
monoecious로 분류된다.

먼저 암수한꽃에 대해 알아보자. 암수한꽃이란
암술과 수술이 하나의 꽃에 모두 존재하는 식물을 말하
며, 여기에 속하는 식물들이 가장 많다. 이론적으로 모든
암수한꽃 식물들은 자가수분을 한다. 따라서 첫 번째 분
류에 따르면, 모든 암수한꽃 식물은 자식성식물로 분류된
다. 자가수분은 매우 편리하기 때문에 많은 식물(특히 밀이나
벼와 같은 목초牧草)들이 이 방법을 채택하고 있다. 사실 많은 목
초류와 제비꽃류, 난초류, 육식식물은 꽃이 피기 전에 봉오
리 속에서 수분이 이루어지므로 폐쇄화cleistogamous라고 부
른다.

이론적으로 자가수분은 모든 암수한꽃 식물에서
일어날 수 있지만, 실제로는 일련의 물리적·화학적 장벽이
가로막고 있어서 그다지 자주 일어나지는 않는다. 많은 독
자들은 고개를 갸우뚱하며 이렇게 물을 것이다. "어, 방금
전에 자가수분이 편리하다고 하지 않았나요? 그럼에도 불
구하고 자가수분이 자주 일어나지 않는 이유가 뭐죠?"

이유는 의외로 간단하다. 식물의 자가수분은 동
물의 근친생식consanguineous procreation에 상응하는 개념이다.
근친생식은 새로운 유전자조합이 탄생하는 기회를 줄이므
로, 식물은 자가수분을 억제하기 위해 일련의 메커니즘을
진화시켰다. 예를 들면, 같은 개체 안에서도 암술과 수술의
성숙시기를 달리하게 된 것이다.

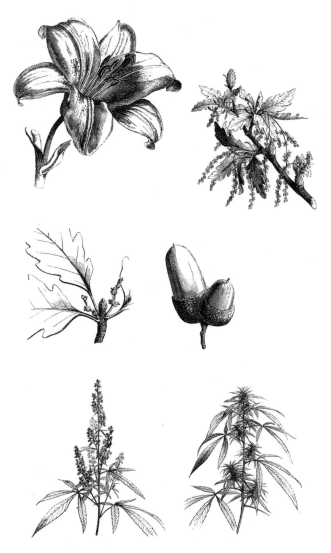

그림 4.3 식물의 생식기관이 존재하는 위치. 백합과 같은 암수한꽃 식물의 경우, 하나의 꽃 안에 암술과 수술이 모두 존재한다(맨 위 왼쪽). 참나무와 같은 암수한그루 식물의 경우, 암꽃과 수꽃이 따로 있지만 하나의 개체 안에 존재한다(맨 위 오른쪽과 가운데). 삼(대마)과 같은 암수딴그루 식물의 경우 암꽃과 수꽃이 각각 다른 개체에 핀다(맨 아래).

암수한꽃은 이쯤 해두고, 이번에는 암수딴그루에 대해 알아보자. 암수딴그루란 암꽃과 수꽃이 각각 다른 개체에 존재하는 식물을 말한다. 따라서 이 경우 모든 식물들은 암식물과 수식물로 나뉘게 된다. 암수딴그루의 대표적 예는 은행나무*Ginkgo biloba*다. 은행나무는 매우 오래된 나무여서 '살아 있는 화석'이라고도 불린다. 그 밖에 암수딴그루에 속하는 식물로는 월계수, 부처스브룸*Ruscus aculeatus*, 주목, 서양쐐기풀, 호랑가시나무 등이 있다.

마지막으로, 암수한그루란 참나무나 밤나무와 같이 한 개체가 암꽃과 수꽃을 모두 피우는 식물을 말한다(암수한그루의 영어 표현 monecious의 mono는 '하나' oikia는 '집, 가정'을 뜻한다).

암수한꽃, 암수딴그루, 암수한그루 중 어떤 범주에 속하든, 꽃을 피우는 식물은 수술의 꽃가루를 암술로 운반해줄 믿을 만한 매개체를 필요로 한다. 모든 식물들은 나름의 방식으로 이 문제를 해결하는데, 일부는 바람 등의 물리적 매개체에 의존하는가 하면 일부는 동물의 힘을 빌린다.

전자를 풍매식물anemophile이라고 부르는데, 이들은 곤충과 아무런 관련이 없으므로 곤충을 유혹하느라 골치를 썩일 필요가 없다. 하지만 바람에 눈이 달린 것이 아니므로 꽃가루가 땅바닥에 떨어지든 자동차 위에 떨어지든, 심지어 다른 식물에 떨어지든 그저 운명으로 받아들일 수밖에 없다.

그러므로 풍매화들은 수분의 가능성을 조금이라

도 높이기 위해 수많은 꽃을 피워 엄청난 양의 꽃가루를 공중에 날린다. 봄날에 끔찍한 꽃가루 알레르기를 일으키는 주범은 바로 이들이다. 하지만 에너지 측면에서 볼 때, 풍매화의 수분방식은 그리 효율적인 시스템이 아니다. 그래서 이 방식은 주로 고대의 겉씨식물gymnosperm들에 의해 사용되었지만, 오늘날 올리브나무를 포함한 제법 많은 속씨식물angiosperm들에 의해서도 사용되고 있다.

그러나 현대의 식물들은 대부분 동물 매개자에 의존한다. 왜냐하면 동물은 바람보다 꽃가루 수집 및 배달 임무를 훨씬 더 정확히 수행하기 때문이다. 꽃가루 배달에 흔히 이용되는 동물은 곤충이며, 이들에 의존하는 수분 방식을 충매수분entomophilous pollination이라고 한다.

또 식물은 이렇게 섬세한 배달 임무를 곤충들에게만 맡기지는 않는다. 동물매개수분zoophilous pollination에서는 다양한 동물들이 매개체로 이용된다. 예컨대 조류매개수분ornithophilous pollination의 경우에는 벌새와 앵무새가, 박쥐매개수분chiropterophilous pollination에서는 박쥐가 매개체로 활약한다. 특히 조슈아나무처럼 아메리카 대륙의 사막에서 서식하는 많은 선인장들에 있어서, 박쥐는 매우 고마운 꽃가루 배달부다.

최근 쿠바에서 발견된 마르크그라비아 에베니아 *Marcgravia evenia*라는 열대식물은 위성 접시 안테나와 비슷한 모양의 둥그런 잎을 갖고 있는데, 이 잎의 유일한 목적은 박쥐의 초음파 탐지기에 신호를 보내 식물의 존재를 알

그림 4.4 무덥고 건조한 기후에 적응한 선인장. 이들은 땡볕과 건조한 공기 속에서 살아남기 위해 밤에만 잎을 연다. 많은 종의 선인장이 박쥐를 매개자로 이용하여 꽃가루를 나른다.

리는 것이라고 한다. 약간 이상해 보일지 모르지만, 눈이 어두운 동물을 꽃가루 배달부로 선택한 마르크그라비아 에베니아는 그들을 불러들이는 데 적합하도록 진화했을 뿐이다.

그 밖에 파충류(판다누스*Pandanus* 속 식물의 경우 게코도마뱀 등), 유대류marsupial, 심지어 영장류를 이용하는 식물들도 있다. 이와 같이 식물은 짝짓기를 위해서라면 물불을 가리지 않는다.

(6) 세계 최대의 시장

식물의 수분을 하나의 커다란 시장이라고 생각해보자. 그곳에는 구매자(곤충, 꽃), 재화와 용역(꽃가루, 꿀, 노동), 판매자(꽃, 곤충), 심지어 광고(꽃의 색깔과 향기)도 있다.

식물세계에서도 인간세계와 마찬가지로 공짜가 없다. 거대한 수분 시장에서는 유무형의 재화와 서비스가 거래되는데, 상품이나 서비스를 원하는 구매자는 반드시 대가를 지불해야 한다. 곤충은 노동을 대가로 지불하지만, 식물은 꿀이라는 독특한 화폐를 사용한다. 꿀은 동물들이 사족을 못쓰는 달콤한 고에너지 물질이다. 사실 식물이 꿀을 생산하는 이유는 단 하나, 노동(꽃가루 운반)에 대한 대가를 지불하기 위해서다.

좀 더 현실적으로 설명해보겠다. 도마뱀, 박쥐, 꿀벌 같은 모든 동물들은 꽃을 방문하여 꿀을 먹거나 수집하는데, 그 과정에서 온몸이 꽃가루 범벅이 된다. 그리고 볼일을 마친 동물들이 다른 꽃을 방문할 때, 그들의 몸에 달라붙은 꽃가루도 함께 이동하는 것이다.

그러나 모든 종류의 꽃 사이에서 수분이 이루어질 수는 없으며, 수분은 같은 종 사이에서만 성사된다. 귀뚜라미와 하마의 짝짓기가 불가능한 것처럼 사과와 제비꽃의 짝짓기도 불가능하기 때문이다. 따라서 다른 종류의 꽃으로 운반된 꽃가루는 낭비된다. 그렇다면 이런 낭비를 방지하는 방법은 없을까?

얼핏 보면, 곤충들은 꽃의 종種과 무관하게 인접

한 꽃들을 이곳저곳 방문하여 꿀을 먹거나 수집하는 것처럼 보인다. 그러나 유심히 살펴보면 곤충들은 그런 지조없는 행동을 하지 않는다. 그들은 하루 종일 동일한 종류의 꽃(아침에 처음으로 방문한 꽃)을 방문한다. 곤충에게 이 같은 종충성species loyalty을 유도하는 요인은 뭘까?

종충성은 매우 이례적인 행동으로 보이지만, 식물의 수분과 짝짓기를 성사시키는 중요한 요인이다. 곤충학자들은 이러한 행동을 설명하기 위해 장소충실성site fidelity이라는 개념을 사용한다. 장소충실성은 지금껏 과소평가되어왔기 때문에, 이를 제대로 설명할 수 있는 설득력 있는 가설이 나오지 않은 상태다.

식물학자와 곤충학자들은 한 마리의 벌이 아침에 처음으로 방문했던 종의 꽃들만을 계속 방문한다는 사실을 잘 알고 있다. 그럼에도 불구하고 이러한 현상의 이유를 설명하지 못하고 있다니 참으로 어처구니없는 일이다. 어떤 이론은 곤충의 입장에서 보면 한 종류의 꽃에 충실한 것이 편리하다고 설명하기도 한다. 그러나 다양한 증거들을 종합해보면, 곤충의 입장에서 그런 행동이 결코 편리하지 않음을 알 수 있다.

그렇다면 관점을 바꿔, 장소충실성을 식물의 입장에서 바라볼 필요가 있다. 식물의 입장에서 보면 장소충실성은 매우 중요하다. 기껏 꿀을 생산하여 곤충에게 대접했는데, 꽃가루 범벅이 된 곤충이 다른 꽃으로 날아가 버린다면 이만저만한 손해가 아니기 때문이다. 이렇게 생각한다면, 장소충실성은 곤충의 자발적 행동이 아니라 식물에 의해 유도된 것이라는 해석이 가능하다. 그러나 식물이 무슨 방법으로 곤충의 장소충실성을 유도하는지는 앞으로 풀어야 할 숙제다.

(7) 정직한 식물과 부정직한 식물

장소충실성 문제는 옆으로 제쳐두고, 식물의 수분과정을 좀 더 자세히 살펴보기로 하자. 식물의 수분은 일견 정직하고 투명한 거래인 것처럼 보인다. 즉, 식물은 꽃가루를 배달하는 곤충들에게 그 대가로 맛있는 꿀을 대접하는 듯이 보이는 것이다. 그러나 가끔 일이 잘못되는 경우도 있다. 모든 시장에는 정직한 상인과 부정직한 상인이 있기 마련이어서, 어떤 상인들은 고객에게 최선을 다하지만 어떤 상인들은 고객을 속이기도 한다.

이런 현상은 식물세계에서도 예외 없이 나타난다. 어떤 식물들은 멍청할 정도로 정직하지만, 어떤 식물들은 위장과 속임수로 곤충의 노동을 착취하며, 심지어 자신을 도와준 곤충을 감금하는 배은망덕한 짓을 저지르기도 한다. 어떤 식물들은 원하는 것을 얻기 위해 수단과 방법을 가리지 않는다.

먼저 루핀lupine의 예를 들어보자. 루핀은 작은 꽃들을 무수히 피우는 콩과 식물인데, 이 식물에는 골치 아픈 문제가 하나 있다. 꽃이 하도 많다 보니 벌이 착각을 일으켜 똑같은 꽃을 두 번 방문하는 불상사가 벌어질 수 있는 것이다. 한 꽃을 두 번 방문하는 것은 꽃과 벌에게 모두 낭비가 아닐 수 없다. 다시 방문한 꽃에는 꽃가루가 없을 뿐더러 벌에게 대접할 꿀도 남아 있지 않기 때문이다.

이러한 불상사를 막기 위해 루핀은 간단하고도 효과적인 전략을 개발했다. 벌이 한 번 꽃을 방문하고 나면 (즉, 꽃가루와 꿀이 소진되고 나면) 꽃잎 색깔이 파란색으로 변하게 되는 것이다. 이로써 벌은 헛수고를 하지 않아도 되고 꽃은 수정을 효과적으로 할 수 있으니, 그야말로 윈윈게임이라고 할 수 있다.

루핀은 상도의를 잘 지키는 정직한 상인을 연상케 한다. 고객(벌)의 편의를 최대한 봐주면서 자신의 목표(수분)를 달성하니 말이다. 그러나 모든 식물들이 루핀처럼 정직한 것은 아니다. 어떤 식물들은 교활한 방법으로 목표를 달성하기도 한다. 가장 악명 높은 식물은 난초인데, 한 통계자료에 의하면 전체 난초류의 약 3분의 1이 벌에게 사기를 친다고 한다.

난초에게 사기당한 벌들은 아무런 대가도 얻지 못한 채 꽃가루만 운반하게 된다. 물론 자연에서 일어나는 일에 인간의 기준으로 '정직'과 '부정직'이라는 딱지를 붙이는 것은 성급한 행동이라고 할 수 있다. 하지만 아무리 그렇더라도, 난초가 벌을 어떻게 속이는지를 알게 되면 독자들은 실소를 금치 못할 것이다.

난초는 모든 생물 중에서 가장 뛰어난 흉내쟁이

그림 4.5 1824년 〈커티스 식물학 잡지Curtis' Botanical Magazine〉에 실린 오프리스 아피페라*Ophrys apifera* 삽화의 일부.

요 사기꾼이다. 보통 모방mimesis이라고 하면, 우리는 카멜레온이나 대벌레류walkingstick를 생각하기 쉽다. 그러나 난초의 일종인 오프리스 아피페라Ophrys apifera의 모방술에 비하면 카멜레온이나 대벌레류는 아무것도 아니다.

오프리스의 꽃은 벌의 암컷을 완벽하게 모방하는 재주가 있다. 그러나 그게 전부가 아니다. 오프리스의 꽃은 벌의 모양은 물론, 조직, 표면(솜털 포함), 향기, 심지어 (수컷을 유혹하는 데 사용되는) 페로몬까지도 흉내 낸다. 간단히 말해서 오프리스는 벌의 시각(암컷의 모양), 촉각(털북숭이 표면), 후각(페로몬)을 모두 만족시키는 것이다.

이처럼 삼박자를 고루 갖춘 오프리스 아피페라의 애정공세에 넘어가지 않을 수벌은 없다. 암벌보다 더 암벌 같은 치명적 유혹에 넘어가, 수벌은 마침내 진짜 암벌을 제쳐두고 오프리스와 교미를 시도하게 된다. 수벌이 일을 치르느라 버둥대기 시작하면 이 식물은 잽싸게 수벌의 머리에 꽃가루 꾸러미(화분괴)를 붙인다.

이렇게 수벌의 머리에 달라붙은 꽃가루는 당분간 떨어지지 않는다. 애욕에 눈이 멀어 허둥대다 졸지에 꽃가루 세례를 받은 수벌은 황급히 자리를 피해 다른 꽃으로 날아간다. 그러면 오프리스 아피페라는 비용 한 푼 안 들이고 수분에 성공하게 되는 것이다.

(8) 이 세상에 공짜는 없다

난초의 실력에는 못 미치지만, 가엾은 곤충들을 속이는 식물들은 많다. 이스라엘, 요르단, 레바논, 시리아에 자생하며, 최근에는 캘리포니아 주 북서부에서도 발견되는 아룸 팔라에스티눔*Arum palaestinum*의 예를 들어보자. 이 식물은 교묘한 속임수를 이용하여 초파리에게 꽃가루를 배달시킨다.

아룸 팔라에스티눔은 초파리를 유혹하기 위해 초파리가 도저히 저항할 수 없는 향기, 즉 과일 썩는 냄새를 풍긴다. 그리고 향기에 이끌린 초파리가 꽃송이 속으로 기어들어오면 얼른 꽃을 닫은 다음 보통 하룻밤 동안 초파리를 가둬놓는다. 꽃 속에 갇힌 초파리는 밤새도록 빠져나오려고 몸짓, 발짓, 날갯짓을 하는 과정에서 온몸에 꽃가루를 흠뻑 뒤집어쓰게 된다. 마침내 꽃이 열리면 초파리는 탈출에 성공하지만 그리 멀리 벗어나지는 못한다. 과일 썩는 냄새를 잊지 못하는 초파리는 다른 아룸 팔라에스티눔의 꽃 속으로 기어들어가, 또다시 하룻밤 동안 감금되어 몸부림치며 자신의 몸에 묻어 있는 꽃가루를 전달한다. 이처럼 이 식물은 속임수를 써서 자신의 목적을 달성하며, 초파리는 꿀 한 모금도 얻어먹지 못한 채 꽃가루만 배달한다.

사실, 곤충의 후각을 이용하여 사기를 치는 식물들은 엄청나게 많다. 그중에서 특이한 것은 타이탄 아룸 Amorphophallus titanum인데, 특유의 악취를 풍기는 일명 시체꽃의 일종이다. 타이탄 아룸은 세상에서 가장 큰 꽃차례 inflorescence를 갖고 있는 식물계의 슈퍼스타로, 해마다 꽃이 필 때면 영국 런던의 왕립식물원으로 전 세계에서 수많은 호사가들이 몰려든다. 그런데 이 꽃은 매우 효과적이지만 징그러운 곤충인 송장벌레류carrion beetle와 쉬파리류flesh flies를 꽃가루 배달부로 선택했다. 따라서 파리를 불러모으기 위해 이들이 가장 좋아하는 냄새를 피우는데, 그것은 바로 고기 썩는 냄새다.

이쯤 되면 식물이 곤충을 조종하는 능력이 매우 탁월하다는 데 이의를 제기할 독자들은 아무도 없으리라 믿는다. 그러나 여기서 잠깐 입장을 바꿔, 아직 해결되지 않은 의문을 풀어보자. 식물의 입장에서 볼 때 가장 효과

그림 4.6 1891년 〈커티스 식물학 잡지Curtis' Botanical Magazine〉에 실린 타이탄 아룸*Amorphophallus titanum* 삽화의 일부.

적인 꽃가루 매개자는 누구일까? 그것은 벌도 아니고 파리도 아니고 그 밖의 동물은 더더욱 아니다. 바로 우리 인간이다. 왜냐하면 사람은 마음만 먹으면 특정 식물의 번식·생존·전파를 심지어 다른 식물에 폐를 끼쳐가면서까지 확실히 보장할 수 있는 최고의 능력자이기 때문이다.

그러므로 식물의 입장에서는 웬만한 대가를 치르

더라도 인간과 친분 관계를 맺어놓으면 결국에는 남는 장사라는 계산이 나온다. 식물이 꽃, 열매, 향기, 향미, 색깔 등의 다양한 서비스를 제공하며 인간의 오감을 즐겁게 하는 데는 그럴 만한 이유가 있다. 인간에게 온갖 서비스를 제공하면서 아양을 떠는 속셈은 뻔하다.

자기들을 보살펴주고, 보호해주고, 세상에 널리 퍼뜨려달라는 것이다. 그러므로 식물이 우리에게 준 선물을 생각하며 자연의 아름다움을 찬미한다든가 괜한 감상에 젖을 필요는 없다. 다시 한번 말하지만, 이 세상에 공짜는 없다. 식물이 우리에게 잘해주는 것은 우리에게 잘 보여야 할 이유가 있기 때문이다. 우리는 그들이 찾을 수 있는 지구상 최고의 동맹인 것이다.

(9) 씨앗 배달부

식물이 번식에 성공하려면 꽃가루뿐만 아니라 씨앗도 배달시켜야 한다. 지금까지는 꽃가루 배달의 사례를 다뤘지만, 식물이 씨앗 배달을 위해 동물과 의사소통하는 사례도 부지기수다.

씨앗의 형성과 살포는 번식의 마지막 단계에서 일어난다. 모든 식물에 있어서, 씨앗을 환경 속에 성공적으로 퍼뜨리는 것이 중요한 이유는 두 가지다. 첫 번째는 가능한 한 넓은 영토로 뻗어나가기 위해서인데, 이것은 세상 모든 종이 추구하는 기본적인 원칙이다. 두 번째는 부모로

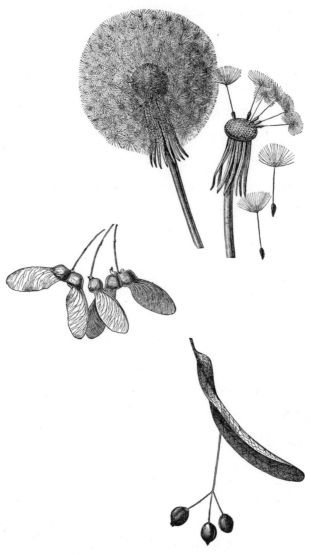

그림 4.7 바람을 이용하여 씨앗을 퍼뜨리는 식물들. 많은 식물들은 효과적인 공중수송을 위해 특별한 장치가 부착된 씨앗을 진화시켰다. 서양민들레는 낙하산(맨 위), 단풍나무류는 날개(가운데), 피나무는 프로펠러(아래 오른쪽) 모양의 장치를 각각 개발했다.

부터 가능한 한 멀리 떨어지는 것인데, 이것은 한정된 영역에서의 자원 공유를 회피하기 위해 필요하다. 개체의 밀도가 증가하면 영양분이 부족해져서 종족의 유지를 장담할 수 없기 때문이다.

어떤 식물들은 바람에 의존하여 씨앗을 퍼뜨린다. 누구나 한번쯤은 민들레 꽃씨를 입으로 불어본 경험이 있을 것이다. 민들레 씨는 미풍微風만 불어도 공중으로 날아오르며, 낙하산에 매달려 때로는 몇 킬로미터 떨어진 곳까지 도달한다. 피나무linden tree의 씨에는 프로펠러가 달려 있어 산들바람을 타고 오랫동안 공중에 머물 수 있다.

그러나 우리의 주요 관심사는 동물을 이용하여 씨앗을 퍼뜨리는 식물이다. 식물은 개미, 쥐, 새, 물고기, 대형 포유류 등 수많은 동물들을 불러들이기 위해 열매라는 선물세트를 제공한다. 꿀이 꽃가루 매개곤충을 유인하는 수단으로 이용되는 것처럼, 열매는 씨앗배달 동물을 유인하는 수단으로 이용된다. 사과, 코코넛, 체리, 살구의 맛있고 달콤한 과육은 두 가지 목적을 수행한다. 첫 번째 목적은 씨앗이 여물 때까지 보호하는 것이고, 두 번째 목적은 씨앗을 운반하는 동물들에게 보상을 제공하는 것이다.

(10) 씨앗 배달부를 위한 선물, 열매

모든 열매는 씨앗을 감쌈과 동시에 동물을 유인하기 위해 만들어진다. 열매를 먹으면 씨앗도 자연히 먹게

되기 마련이므로, 동물의 몸에 실려 먼 곳으로 이동한 후 배설물에 섞여 세상에 나온다. 이것은 씨앗의 살포를 보장하는 가장 효과적인 방법이다.

온대지방이나 열대지방에서 가장 흔한 씨앗 배달부는 새다. 식물과 새의 의사소통이 어떻게 이루어지는지를 알아보기 위해 벚나무를 예로 들어 설명해보자.

벚나무는 번식기가 되면 아름다운 흰색 꽃을 피우는데, 이것은 벌의 눈에 잘 띄기 위해서다. 그러나 빨간색 체리는 사정이 다르다. 왜냐하면 벌은 빨간색을 보지 못하기 때문이다. 따라서 체리는 벌이 아니라 새를 끌어들이기 위한 것임이 분명하다. 녹색(잎) 바탕의 빨간색(체리)은 멀리서도 뚜렷하게 보이므로, 하늘을 날아다니는 새의 눈에도 쉽게 띈다.

새는 체리를 쉽게 발견하여 먹을 것이고, 체리 씨는 새의 뱃속으로 들어갈 것이다. 그리고 어딘가에서 대변으로 배출될 것이다. 금상첨화는 새똥이 훌륭한 비료이기도 하다는 것이다. 이것은 매우 효과적인 운송시스템이며, 벚나무와 새 모두에게 편리하다. 벚나무는 씨앗을 멀리 퍼뜨려서 좋고 새는 배불리 먹어서 좋다. 그러나 여기서 눈여겨볼 것이 있다. 체리는 씨앗이 여물었을 때만 빨간색이고 그 이전에는 녹색이므로, 씨앗이 여물기 전에는 잎 사이에 섞여 새의 눈에 띄지 않는다는 사실이다.

모든 식물은 열매가 익을 때까지 자신의 열매를 보호한다. 사실 덜 익은 과일에는 독성 화합물이 가득 차

있어 불쾌하거나 자극적인 맛이 나는데, 이것은 씨가 여물기 전에 동물에게 먹히지 않게 하려는 의도이다. 식물은 때로 열매를 확실히 보호하기 위해서 높은 독성을 지닌 분자를 사용하기도 한다. 아프리카 원산의 야생식물로, 카리브 해 연안에서도 발견되는 아키Blighia sapida가 그런 방법을 쓰는 대표적인 식물이라 할 수 있다.

완전히 익은 아키의 열매는 맛이 좋아, 중앙아메리카인들에게 인기가 많다. 그러나 아키 열매를 먹으려면, 사전에 익었는지를 반드시 확인해야 한다. 덜 익은 아키 열매에는 고농도의 히포글리신hypoglycin이 함유되어 있어서 잘못 먹을 경우 전형적인 저혈당증 증상(혼수상태, 경련, 섬망delirium, 독성간염, 급성탈수, 쇼크)이 발생한다. 덜 익은 아키 열매 때문에 매년 스무 명 가량의 사람들이 목숨을 잃는다고 한다.

식물의 씨앗을 운반하는 동물은 새뿐만이 아니다. 예를 들어 과일 먹는 원숭이frugivorous monkey는 새와 쌍벽을 이루는 우편배달부다. 또 매우 독특한 동물이 있는데, 그것은 아마존강에 서식하는 콜로소마Colossoma macropomum라는 대형 담수어다. 이 물고기는 매우 특별한 방법으로 씨앗을 배달한다. 우기에 강물이 범람하여 아마존강 유역에는 10만 제곱킬로미터의 호수가 형성된다. 콜로소마는 수많은 식물들의 열매를 닥치는 대로 먹은 다음, 수백 마일 떨어진 곳까지 이동하여 씨앗을 배설한다. 이것은 최근에야 발견된 매우 흥미로운 산포전략dispersal strategy이다.

곤충도 무시할 수 없는 존재다. 개미는 작은 과일들을 먹는데, 현장에서 바로 먹는 것이 아니라 개미집으로 운반한 다음 나중에 먹기 위해 식료품 저장소에 보관한다. 개미가 이와 같은 습성을 가졌다는 사실은 식물에게는 매우 흐뭇한 소식이다. 왜냐하면 씨앗이 식물에서 멀리 떨어진 곳으로 운반되는 즉시 발아發芽에 안성맞춤인 지하에 파묻히기 때문이다.

개미는 식물에 매우 요긴한 존재이므로, 특정 식물이 개미를 포섭하기 위해 씨앗에 엘라이오솜elaiosome이라는 기름방울(지방산 부속체)을 붙여놓는 것은 결코 놀랄 일이 아니다. 엘라이오솜은 개미들에게 인기 있는 영양식품인데, 식물이 개미에게 엘라이오솜을 제공하는 이유는 간단하다. 개미들은 식물의 씨앗을 개미집으로 끌고 가서, 엘라이오솜만 떼어 먹은 후 씨앗은 그대로 방치한다. 축축하고 은밀하고 유기물이 풍부한 개미집은 씨앗이 발아하는 데 최적의 장소라고 할 수 있다.

개미는 식물의 가장 멋진 파트너 중 하나다. 개미와 식물의 의사소통 및 상부상조 시스템은 과학자들을 매료해왔다. 최근 발표된 연구결과에 의하면 왕개미Camponotus 속의 어떤 개미는 특정 육식식물, 특히 벌레잡이통풀과 긴밀한 관계에 있다고 한다. 나는 3장에서 벌레잡이통풀의 포충낭은 내벽內壁이 미끌거려서 그 속에 들어간 곤충이 도저히 빠져나오지 못한다고 설명한 바 있다.

벌레잡이통풀은 포충낭의 입구 주변에서 당밀을

분비하여 곤충을 포충낭 안으로 유인한다. 그러나 포충낭이 제대로 작동하려면 내부가 말끔하게 청소되어 있어야 한다. 그래야만 포충낭의 내벽이 늘 반들거리는 상태를 유지할 수 있기 때문이다. 내벽에 찌꺼기나 먼지가 쌓이면, 곤충이 그것을 발판으로 삼아 내벽을 기어올라 탈출해버리는 수가 있다. 캄포노투스의 역할은 벌레잡이통풀에게 약간의 당밀을 얻어먹고, 그 대가로 포충낭의 내벽을 늘 깨끗하게 유지해주는 것이다. 마치 악어의 이빨에 낀 찌꺼기를 깨끗이 치워주는 악어새처럼 말이다. 이 세상에 독불장군은 없는 것 같다. 식물계의 저승사자로 유명한 벌레잡이통풀에게도 동맹군이 필요하니 말이다.

5장.
지능을 가진 생명체,
식물

가장 놀라운 사실은 우리가 이 나무들을 보고도 조금 놀라워하다가
만다는 것이다 The greatest wonder is that we can see these trees and not wonder
more.

- 랄프 왈도 에머슨 Ralph Waldo Emerson

하나의 종種이 다른 종들을 희생시키며 보다 넓은 생활공간을 차지할 때, 생물학자들은 그 종이 '공간을 지배한다'고 말한다. 공간을 지배하는 종, 즉 우점종dominant species은 생존경쟁에서 당면하는 문제들을 해결하는 능력이 우수하므로, 경쟁자들보다 환경에 더 잘 적응할 수 있다. 하나의 종이 풍부하면 풍부할수록, 그 종이 생태계 내에서 차지하는 비중은 더욱 커진다. 만약 지구에서 멀리 떨어진 곳에 있는 행성이 발견되었는데, 그 행성에서 특정 생명체가 차지하는 공간이 99퍼센트로 밝혀졌다면, 우리는 그 생명체가 그 행성을 지배한다고 말할 수 있다.

이제 지구로 눈을 돌려 생각해보자. "지구를 지배하는 생물은 무엇일까?"라는 질문을 받으면, 누구나 대번에 '인간'이라고 대답할 것이다. 그러나 과연 그럴까?

인간이 정말로 지구를 지배하고 있는지 한번 따져보자. 생물학자들에 의하면, 지구의 바이오매스biomass 중에서 99.7퍼센트 정도, 정확히 말하면 99.5~99.9퍼센트는 식물이 차지하고 있으며, 나머지 0.3퍼센트는 인간과 다른 동물들이라고 한다. 그러므로 인간이 지구상의 바이오매스 중에서 차지하는 비중은 0.3퍼센트보다 훨씬 적을 것이다. 그렇다면 이미 승부는 끝난 셈이다. 지구는 온통 식물로 뒤덮여 있으니, 지구의 생태계가 식물에 의해 지배되고 있다는 것은 누가 봐도 명백한 사실이다.

그런데 한 가지 궁금증이 생긴다. 지구상에서 가장 미련하고 수동적인 것처럼 보이는 식물이 어떻게 이런 위업을 달성하게 되었을까? 헷갈리는 독자들을 위해 힌트를 하나 드리겠다. 나는 방금 "적응능력, 즉 문제해결 능력이 우수한 종이 다른 종을 희생시켜 넓은 공간을 차지한다"라고 말한 바 있다.

쉽게 인정하기는 싫겠지만 식물은 우리가 생각하는 것보다 훨씬 더 발달했고 적응능력이 뛰어나며, 또 지능적인 존재임이 분명하다. 그렇지 않고서야 어떻게 지구의 바이오매스 중에서 99.7퍼센트를 차지할 수 있었겠는가 말이다.

1. 식물에게 지능이 있다고 할 수 있을까?

　　지능이라는 단어를 식물에게 사용할 때 왠지 어색한 느낌이 드는 이유는 뭘까? 이 장을 읽다 보면 차차 알게 되겠지만, 일단 지난 수천 년 동안 이어져 내려온 편견과 오해가 우리로 하여금 그런 느낌을 갖도록 만들었다는 점을 기억해두기 바란다.

　　논의를 전개하기 전에, 독자들의 이해를 돕기 위해 앞에서 언급했던 사항들을 간략히 정리하고 넘어가는 것이 좋겠다. 식물은 동물과 달리 정적인 존재stationary being로 (일부 예외는 있지만) 토양에 뿌리를 내리고 산다. 이러한 상황에서 생존하기 위해, 식물은 동물과 다른 섭식·번식·방어 전략을 진화시켰다. 또한 외부의 공격에 대응하기 위해 모듈 방식의 신체를 발달시켰다. 모듈식 구조를 보유한 덕분에, 식물은 초식동물이 잎이나 줄기 등을 포식하는 것을 크게 개의치 않아도 된다. 식물은 뇌, 심장, 폐, 위장과 같은 독립된 장기를 갖고 있지 않다. 만약 장기를 갖고 있다면, 그중 하나를 초식동물에게 먹힐 경우 개체의 생존이 위협받을 것이다. 식물에는 여분이 많아서 식물을 이루는 부분 중에서 필수불가결한 것은 하나도 없다. 식물은 여러 개의 모듈로 구성되어 있고, 이 모듈들은 상호작용을 하며, 심지어 어떤 상황에서는 자율적으로 생존하기도 한다. 이상과 같은 특징 때문에 식물은 동물과 매우 다르며, 하나의 '개체'보다는 '군집'에 가깝다고 할 수 있다.

식물과 인간의 구조가 이처럼 판이하게 다르다 보니, 우리는 식물을 경원시하고 이질적인 존재로 보며, 때로는 그들이 살아 있다는 사실조차 망각한다. 이에 반해, 거의 모든 동물들이 뇌, 심장, 입, 폐, 위장을 가졌다는 사실 때문에, 우리는 동물을 친근하고 이해하기 쉬운 존재로 여긴다. 그러나 식물이 심장을 갖고 있지 않다고 해서 순환계를 보유하지 않았다고 할 수 있을까? 폐가 없다고 해서 숨을 쉬지 않는다고 할 수 있을까? 입이 없다고 해서 먹지 않는다고 할 수 있을까? 위장이 없다고 해서 소화능력이 없다고 할 수 있을까?

지금까지 이 책을 읽은 독자들은 네 가지 질문에 대해 모두 고개를 가로저을 것이다. 식물은 독립된 장기를 갖고 있지 않지만, 어느 기능 하나 수행하지 못하는 것이 없기 때문이다. 하지만 독자들이 대답하기 어려운 질문을 하나 던져보겠다. 뇌는 어떨까? 식물이 뇌를 갖고 있지 않다고 해서 생각을 하지 않는다고 말할 수 있을까?

식물의 지능에 대한 편견은 기본적으로 '생각을 전담하도록 설계된 장기가 없다'는 사실에서 유래한다. 그러나 1장~4장에서 살펴본 바와 같이, 식물은 입이 없어도 먹을 수 있고 폐가 없어도 숨쉴 수 있으며 그 밖의 특별한 기관이 없어도 보고, 맛보고, 느끼고, 의사소통을 하고, 움직일 수 있다. 그렇다면 식물이 뇌가 없어도 생각을 할 수 있다는 사실을 의심하는 이유가 무엇인가? 다른 기능들은 다 인정하면서, 유독 사고思考 기능만을 단호하게 부정하는 저의가 무엇인가?

우리는 여기서 잠깐 논의를 중단하고, '지능이란 무엇인가?'라고 자문自問할 필요가 있다. 지능이란 너무 광범위하고 다의적인 개념이어서, 각양각색의 정의가 존재한다. 지능에 대해 가장 우스꽝스러운 정의를 내린 사람은 심리학자인 로버트 스턴버그인데, 그는 "전문가의 수만큼 많은 지능이 존재한다"라고 말했다.

그러므로 우리는 식물의 지능에 대해 논의를 진행하기 전에, 먼저 상황에 알맞은 정의를 선택해야 한다. 식물의 지능을 논의할 때는 약간 광의廣義의 개념을 사용하는 것이 좋으므로, '지능은 문제해결 능력을 의미한다'는 정의가 적절해 보인다. 이보다 더 적절한 정의가 있을 수도 있지만, 일단 이 정의에 입각하여 식물의 지능을 생각해보기로 하자. 이 개념과 상반되는 정의는 '지능은 인간의 전유물이며, 추상적 사고나 기타 인간 특유의 인지능력과

연관된다'는 것이다. 이 정의는 일견 그럴듯해 보인다. 그러나 과연 타당할까? 다른 동물이나 식물, 또는 로봇이 인간의 지능을 모방하는 것이 전혀 불가능할까?

2. 인공지능에게 한 수 배우자

인간의 지능이 정말로 모방할 수 없는 것인지 알아보기 위해, 인공지능artificial intelligence(AI) 분야의 연구결과를 참고해보자. AI 분야에서는 지난 수십 년 동안 "인간의 지능을 구성하는 핵심요소는 무엇이며, 인간지능과 인공지능의 차이는 무엇인가?"라는 의문을 해결하기 위해 많은 연구를 진행해왔다. 전 세계의 AI 전문가들은 이 의문을 해결하기 위해, 매년 한 번씩 한 자리에 모여 컴퓨터 프로그램 경연대회를 연다. 경연대회에 출품된 컴퓨터 프로그램들은 뢰브너상Loebner Prize을 놓고 다투는데, 이 상을 차지하려면 튜링테스트Turing Test에서 높은 점수를 받아야 한다. 튜링테스트는 위대한 수학자 앨런 튜링(1912-1954)의 이름에서 유래한다. 그는 정보과학의 창시자 중 한 명으로, 1950년에 '기계가 생각하는 시대가 올 것인지', '만약 그런

날이 온다면, 어떻게 그걸 알 수 있는지'를 고민하기 시작했다.

튜링은 지능의 개념을 정의하기 위해 복잡한 이론적 모델을 추구하는 대신, 매우 간단해 보이는 실험을 제안했다. 그것은 심사위원들로 하여금 두 명의 (보이지 않는) 상대와 컴퓨터 단말기를 통해 다양한 주제에 대해 이야기를 나누게 하는 것이다. 두 명의 대화상대 중 하나는 컴퓨터 프로그램이고 다른 하나는 사람인데, 심사위원의 임무는 누가 인간이고 누가 기계인지를 판단하는 것이다. 5분간의 대화에서 30퍼센트의 심사위원을 속일 수 있으면 합격이고, 합격자가 나오는 날까지 경연은 계속된다. 튜링은 합격자가 나오는 시기를 서기 2000년으로 예측하고, 그때가 되면 '기계가 생각을 한다'는 말을 해도 웃음거리가 되지 않으리라고 생각했다.

지금까지 심사위원의 30퍼센트를 속인 기계는 나오지 않았지만, 대회에 참가한 기계들의 수준은 합격점에 점점 더 가까워지고 있다. 합격점을 돌파한 기계가 나오고 나면, 인간의 완벽한 대화를 흉내 내는 기계도 언젠가 등장할 것이다. 그때가 되면, '기계가 생각을 한다'는 말이 실제로 성립할 수 있을까? 튜링의 말을 빌리면 그렇다. 그럼 인간의 지위는 어떻게 되는 걸까?

지난 수천 년 동안 우리는 인간이 최상위 생물이며 우주의 중심에 있다고 확신해왔지만, 반박증거가 하나둘씩 나오면서 우리의 확신이 뿌리째 흔들리고 있다. 지금까지 우리가 포기하거나 받아들여야 했던 것이 뭔지 생각해보자. 첫째, 우주 변두리의 은하에 속하는 별 볼 일 없는 행성에 살고 있는 것으로 밝혀지면서, 지구중심적 사고를 포기했다. 둘째, 진화론이 나오면서 우리가 동물과 비슷할 뿐만 아니라, 특정 동물과 조상을 공유한다는 사실을 인정해야 했다. 모르긴 몰라도 당시 사람들은 아마 뺨을 맞은 듯한 기분이 들었을 것이다.

그러자 자존심에 상처를 받은 우리는 넘을 수 없는 벽을 쌓고 우리와 다른 생물들을 구분하기 시작했다. 그리고 인간만이 언어를 사용하고, 구문법칙syntactic rule을 갖고 있으며, 도구를 사용한다는 것 등의 차이점을 찾아냈다. 그러나 이 모든 것들은 사실이 아니라고 밝혀졌다. 한때 우리는 복잡한 수학계산을 할 수 있는 유일한 존재라고 우쭐댔지만, 지금은 문방구에서 파는 몇 천 원짜리 전자계산기에도 이길 수 없다.

지난 몇 세기 동안 우리는 서서히, 그러나 멈출 수 없는 후퇴를 거듭해왔다. 한때 우리만의 독보적 영역이라고 간주했던 지적 특징 중 일부를 기계가 흉내 내고 능가할 수 있다. 오늘날에는 컴퓨터가 인간 체스 챔피언을 이기고 (2016년 3월에 벌어진 구글 딥마인드의 인공지능 프로그램 알파고와 세계 최고의 프로바둑기사 이세돌 9단의 대결에서도 알파고가 4승 1패로 승리한 바 있다. -옮긴이) 모든 종류의 데이터를 무제한 기억하며, 심지어 음악도 작곡한다. 우리는 이런 것들이 인공지능의 산물임을 강조하며, 진정한 지능과는 차이가 있다고 폄하하는 경향이 있다. 그러나 이런 추세로 계속 나간다면, 한때 우리의 전유물로 여겼던 지적 속성까지도 기계로 복제하고 향상시키는 날이 올 것이다

언제까지나 우리 인간만이 우수한 지능을 가졌다고 버틸 텐가? 요컨대, 다음 두 가지 중 어느 쪽이 현명하다고 생각하는가? 두꺼운 방어벽을 쌓고 다른 생물들과의 차별성을 끝끝내 강조할 것인가, 아니면 다른 동물과 식물들도 지능을 보유할 수 있음을 인정할 것인가?

3. 지능에는 문턱값이 없다

　　많은 동물들이 도구를 이용하여 식량을 얻고 언어를 개발하고 미로통과 등의 문제를 해결할 수 있는 것으로 밝혀진 만큼, 그들이 지능을 갖고 있다고 인정해도 그리 새삼스러울 건 없다. 그럼 식물은 어떨까? 식물도 지능을 보유하고 있으며, 지능을 이용하여 다양한 문제를 해결할까? 물론 그렇다. 식물은 늘 그렇게 해왔다. 다만 우리가 눈여겨보지 않았을 뿐이다.

　　식물은 다양한 전략을 이용하여 포식자들의 공격을 방어하고, 장애물을 우회하고, 동물을 사냥하거나 유인하며, 식량, 빛, 산소 등을 얻기 위해 이동한다. 그리고 그 과정에서 서로 돕거나 다른 종의 도움을 받기도 한다. 그런데 우리는 왜 식물을 완전한 지적 존재로 인정하지 않는 걸까? 우리는 누가 봐도 명백한 사실을 부정할 것이 아니라, 식물이 일상적인 문제를 해결하는 방식에 주목해야 한다.

지능이란 생명체가 지닌 소중한 자산으로, 가장 미천한 단세포생물에서도 찾아볼 수 있다. 인간과 마찬가지로 모든 생명체는 일상생활에서 식량·물·은신처 확보, 협동, 방어, 생식 등 다양한 문제에 직면하는데, 이 문제들을 해결하려면 지능이 필요하다. 그러므로 지능이 없으면 생명체도 없다고 말할 수 있다. 물론 인간의 지능이 세균이나 단세포 조류algae의 지능보다 훨씬 높은 것은 사실이지만, 이 차이는 어디까지나 양적인 것(높거나 낮음)일 뿐 질적인 것(있거나 없음)은 아니다.

지능을 문제해결 능력으로 정의한다면, 지능적 행동과 자동반응automaton(환경자극에 대한 자동적 반응)을 구분하는 문턱값threshold 따위는 존재할 여지가 없다. 내 의견에 반대하며 어떤 동물은 지능이 있고 어떤 동물은 지능이 없다고 주장하는 사람들은 진화과정에서 지능이 나타난 시점을 정확히 짚어낼 수 있어야 한다.

진화과정에서 지능이 나타난 시점이 언제인지 한번 추적해보자. 인간은 지능이 있을까? 당연하다. 유인원은 어떨까? 생물학자들에 의하면 유인원도 지능이 있다고 한다. 고양이는? 고양이를 기르는 사람들은 고양이의 지능을 인정할 것이다. 쥐는 지능이 있을까? 물론이다. 그럼 개미는 어떨까? 문어는? 파충류는? 꿀벌은? 아메바는? 아메바가 미로를 통과하는 건 지능일까, 아니면 단순 반복적인 현상에 불과할까? 전에 없던 지능이 생물의 진화과정에서 마법처럼 불쑥 튀어나온 시점은 없다. 지능이란 생명체에 당연히 수반되는 것이다.

만약에 지능이 어떤 문턱값과 관련되어 있다고 가정한다면, 그것이 생물학적으로 고정된 값인지, 아니면 문화적으로 시대와 지역에 따라 가변적인 값인지 따져볼 필요가 있다. 1800년대에는 동물을 지적 존재로 간주하는 사람은 거의 없었다. 그러나 오늘날 원숭이, 개, 새의 지능을 부인하는 과학자는 한 명도 없다. 심지어 상당수의 문헌들은 세균도 지능을 보유하고 있다고 주장한다. 사실이 이러함에도 불구하고 식물의 지능을 논하는 사람들이 없는 이유는 뭘까?

독자들도 잘 알다시피, 모든 식물들은 환경의 다양한 특성값(조도, 습도, 화학적 기울기, 다른 동식물의 존재 여부, 전자기장, 중력 등)을 끊임없이 입력받고, 이 데이터에 입각하여 다양한 활동(식량획득, 경쟁, 방어, 다른 동식물들과의 상호작용 등)에 대한 의사결정을 내린다. 지능도 없이 이처럼 복잡한 의사결정을 내리는 것이 가능하다고 보는가? 역사상 가장 위대한 천재 중의 한 명인 찰스 다윈은 이미 한 세기 전에 식물이 지능을 보유하고 있음을 깨달았다.

다만 다윈은 그 당시 그에게 불멸의 영예를 안겨준 진화론을 방어하는 데 여념이 없었던 관계로, 식물학에 관한 성찰들을 여러 권의 노트에 적어놓기만 하고 책으로 발표하지는 않았다(이 노트들은 베일에 가려 있다가 최근에 와서야 과학적 중요성을 인정받았다). 다윈이 저술한 6권의 식물학 서적 중에서 식물에 대한 그의 생각이 잘 담겨 있는 것은《식물의 운동력》이다(1장 '조용히 뒤로 물러나 있던 식물' 참고). 다윈의 저서 중에서 유일하게 실험 데이터로 가득 찬 것도《식물의 운동력》이며, 제목에서 알 수 있는 것처럼 이 책에는 혁명적인 내용이 담겨 있다.

4. 찰스 다윈과 식물의 지능

　　찰스 다윈은 케임브리지 대학교에서 신학을 공부하던 시절 식물학에 입문했으며, 식물학자이자 지질학자인 존 헨슬로(1796-1861)의 강의를 들었다. 그는 곧 헨슬로의 애제자가 되어, 다른 교수들로부터 '헨슬로의 껍딱지'라는 별명을 얻었다. 헨슬로는 다윈의 인생에 심대한 영향력을 미쳤다. 로버트 피츠로이 선장이 다윈을 HMS 비글호의 민간인 승선자로 받아들인 것도 헨슬로의 추천 때문이었다. 다윈이 식물학의 기본지식을 익히고, 평생 동안 식물에 대한 열정을 지니게 된 것도 모두 헨슬로 덕분이었다.

　　케임브리지에서 공부를 시작한 첫해부터 시작하여 수십 년 동안, 다윈은 식물학 공부에 미친 듯 매달렸다. 그는 식물에서 진화의 증거를 찾았으며, 죽는 날까지 식물에 대한 관심을 잃지 않았다. 다윈이 사망하기 9일 전에 쓴

그림 5.1 찰스 다윈. 다윈은 불세출의 식물학자로 식물의 능력에 감탄을 금치 못했다(스테파노 만쿠소 그림).

마지막 편지도 식물에 관한 것이었다.

1882년 4월 10일, 찰스 다윈은 생애 마지막 편지를 썼다. 마치 식물에 대한 열정에 이끌려온 자신의 인생에서 유종의 미를 거두려는 듯 편지의 내용은 온통 식물에 집중되어 있었다. 편지의 수취인은 당시 아이오와 주 테이버 칼리지에서 자연과학교수로 재직 중이던 제임스 E. 토드였다. 편지의 전문을 다음에 소개한다.

친애하는 토드 선생님께,

한번도 선생님을 뵌 적이 없는데도 불구하고 무례한 부탁을
드리는 것을 용서해주시기 바랍니다. 나는 당신이 〈아메리칸
내추럴리스트American Naturalist〉에 기고한 흥미로운 논
문을 매우 재미있게 읽었습니다. 그것은 솔라눔 로스트라툼
*Solanum rostratum*이라는 감자품종의 꽃을 구조적으로 자
세히 설명한 논문이었습니다. 혹시 약간의 꽃씨를 작은 상자에
담아 내게 보내주실 수 있다면 감사하겠습니다. 나는 아름다운
꽃을 감상하며 식물학 실험도 하고 싶습니다(일 년 중 언제쯤
씨를 심어야 하는지도 알려주시면 좋겠습니다). 그러나 그 식
물에 대한 실험을 계속하실 예정이라면 씨를 보내지 않으셔도
됩니다. 당신의 연구에 끼어들 생각은 추호도 없으니까요. 또
저는 카시아 카미크리스타*Cassia chamaecrista*(콩과 식물)
의 꽃을 구경하고 싶기도 합니다.

여러 해 전 나는 당신과 약간 비슷한 사례를 실험하려고 했었
고, 올해에는 다른 사례들을 실험하고 있습니다. 내가 하는 일
을 프리츠 뮐러 박사(브라질 산타카타리나 주의 블루메나우)에
게 말씀드렸더니, 그분은 이렇게 말씀해주셨습니다. "이건 내
생각인데, 두 가지 다른 색깔의 꽃밥anther을 생성하는 식물의
경우, 벌들은 둘 중 하나에서만 꽃가루를 수집할 것입니다." 그
러므로 뮐러 박사님은 당신의 논문에 관심이 있을 겁니다. 만
약 여분의 논문이 있으시면 그분에게 한 권 보내주면 좋겠습

니다. 하지만 제 기억이 종종 틀리는데, 어쩌면 뮐러 박사님은 〈코스모스Kosmos〉에 기고한 논문에서 이 주제를 다룬 적이 있는지도 모르겠습니다.

다시 한번 저의 무례를 용서해주시기 바랍니다. 친애하는 토드 선생님.

찰스 다윈 드림

P.S. 저는 난초의 수정에 대한 책을 한 권 썼는데, 그 책에 보면 모르모데스 이그니아*Mormodes ignea*라는 난초가 나옵니다. 이 난초의 꽃은 측면으로 비대칭이어서, 나는 그것을 오른손잡이꽃 또는 왼손잡이꽃이라고 불렀습니다.

식물학의 역사를 바꾼 선구적 연구의 결과물, 《식물의 운동력》에서 혁명적인 부분은 단연코 맨 마지막 단락이다. 미괄식 서술방식을 선호했던 것으로 유명한 다윈은 연구의 핵심내용을 요약하면서 책을 마무리 짓는 습성이 있었다. 그는 《식물의 운동력》의 마지막 단락에서 '뿌리의 운동'과 '식물의 지능' 간의 관계에 대해 다음과 같이 언급했다.

어린뿌리radicle의 말단은 매우 민감해서, 인접한 다른 부분의 운동을 지휘한다고 해도 과언이 아니다. 식물의 어린뿌리는 하등동물의 뇌와 비슷한 기능을 한다. 뇌는 몸의 맨 앞부분에 자리 잡고 있어서, 여러 감각기관으로부터 자극을 받아들여 다양한 운동을 지시한다.

500페이지가 넘는 이 획기적인 책에서 총명한 다윈은 식물의 다양한 운동을 기술했는데, 그중 4분의 3 이상은 뿌리의 운동에 집중되었다. 그가 뿌리를 집중적으로 관찰한 이유는 행동적 측면에서 동물 및 다른 생물들과 유사한 점들이 많았기 때문이다. 사실 식물에서 지능과 관련된 전형적인 특징들, 예컨대 환경자극을 인식하고 운동의 방향을 결정하고 합목적적 운동을 수행하는 등의 특징들이 나타나는 곳은 뿌리다. 즉, 좀 더 정확히 말해 뿌리의 말단 부분 근단root tip이다.

다윈은 식물의 근단이 벌레나 기타 하등동물의 뇌와 실질적으로 차이가 없다고 확신했다.

기능에 관한 한, 어린뿌리의 말단보다 경이로운 구조는 없다. 어린뿌리의 말단을 살짝 누르거나 태우거나 잘라내면 뿌리 전체가 반대방향으로 구부러진다. 근단 한쪽 부분이 반대쪽보다 습하면 뿌리 전체가 그쪽을 향해 구부러진다. 근단에 빛이 닿으면 뿌리는 반대쪽으로 구부러지고, 근단에 중력이 작용하면 뿌리는 중력중심 쪽으로 구부러진다.

식물의 근단이 다양한 자극을 인식하여 반응을

나타내는 섬세한 감각기관임을 처음으로 알아차린 과학자
는 다윈이다. 그는 근단이 외부자극에 민감할 뿐만 아니라,
뿌리 윗부분에 신호를 보내 운동을 유도하는 기능을 한다
고 주장했다. 근단을 자르면 뿌리의 민감성이 저하되어 중
력이나 흙의 밀도를 감지하지 못한다는 사실을 실험을 통
해 증명하기도 했다. 그리하여 다윈은 뿌리의 생리학을 창
시함과 동시에, 1세기 후에 제기되는 '뿌리-뇌 가설root-brain
hypothesis'의 선구자가 되었다. 뿌리가 식물의 생존에 중요
함을 깨달은 이상, 뿌리의 생리학을 창시한 것은 필연적인
수순이었다.

　　　그러나 다윈의 모든 이론에 다 그랬듯, 과학계의
반응은 뜨뜻미지근했다. 가장 강력한 반대자는 예상했던
대로 독일의 식물학자들이었다. 다윈은 1879년 율리우스
빅토르 카루스 교수에게 보낸 편지에 이렇게 적었다. "나
는 내 아들 프랜시스와 함께 식물의 운동에 관해 두꺼운
책을 쓰려고 준비하고 있습니다. 우리는 그 책에서 새로운
관점과 견해들을 많이 소개하려고 합니다. 그런데 독일의
과학자들이 크게 반발할까 봐 걱정입니다."

　　　다윈의 연구에 대한 독일 과학자들의 분노는 과
학적 근거보다는, 자신들이 우러러 받들던 식물학자 율리
우스 폰 작스(1832-1897)의 영역을 침범했다는 괘씸죄에서
유래했다. 자타가 공인하는 당대 최고의 식물학자였던 작
스는 노골적으로 불쾌감을 내비쳤다. 다윈의 발견을 '아마
추어의 장난'쯤으로 여기고 '시골 헛간에서 실시한 연구를

갖고서 감히 식물생리학 대가의 업적에 맞먹으려 한다'고 생각했다.

《식물의 운동력》이 출간되자, 작스는 자신의 제자 중 한 명인 에밀 데틀레프젠에게 다윈의 실험을 재현해보라고 지시했다. 특히 "근단을 제거한 후에 뿌리가 어떤 행동을 보이는지 확인해보라"라며 신신당부를 했다. 데틀레프젠은 스승의 지엄한 명령에 따라 실험을 시작했다. 그러나 나중에 밝혀진 사실이지만, 다윈을 우습게 보고 실험을 대충 마무리하는 바람에 엉뚱한 결과를 얻었다.

데틀레프젠에게 실험결과를 보고받은 작스는 크게 분노했다. 그는 "아마추어들이 부적절한 실험을 통해 엉터리 결론을 내렸다"라며 다윈 부자父子를 비난했다. 물론 다윈 부자는 자신들의 연구결과를 변호했다.

다윈과 작스의 충돌이 과학계에 큰 반향을 일으키자, 이번에는 작스의 제자였던 빌헬름 페퍼(1845-1920)가 재현실험을 자청하고 나섰다. 그 역시 당대의 저명한 식물학자로, 과학적 진실을 밝히겠다는 순수한 동기에서 출발했을 뿐 다른 의도는 전혀 없었다. 실험결과 다윈과 같은 결론이 나오자, 그는 주저없이 1874년에 발간한《식물생리학편람》을 통해 다윈 부자의 위대한 업적을 칭찬했다. 이에 대해 작스는 "입증되지 않은 사실들을 여과 없이 수록했다"라며 페퍼를 맹비난했다.

오늘날 우리는 다윈이 옳았음을 알고 있다. 하지만 식물의 근단은 다윈이 생각한 것 이상으로 고차원적인 기능을 수행하며, 환경에서 입력되는 수많은 생리화학적 신호정보들을 감지한다.

5. 지능적 식물

나는 앞에서 식물은 뇌가 없다는 말을 여러 차례 반복했다. 우리가 '어떤 형태로든 지능을 보유하고 있다'고 인정하는 일부 동물과 인간의 경우, 뇌는 지능의 원천으로 간주된다. 그래서 항간에서는 지적 능력이 떨어지는 사람을 일컬어 '무뇌아'라고 부르기도 한다. 그렇다면 식물은 뇌가 없으니 지능이 없다고 해야 할까?

식물의 지능을 논하기 전에 분명히 해둘 것이 하나 있다. 동물의 뇌는 스스로 지능을 발휘할까? 즉, 동물의 뇌는 신체에서 분리되어도 여전히 지능을 유지할까? 대답은 분명히 '아니올시다'이다. 우리의 뇌는 그 자체로서는 위장보다 결코 더 똑똑하지 않다. 뇌세포는 '마법의 장기'가 아니어서, 혼자서는 아무것도 하지 못한다. 우리 인지기능과 신체기능은 분리되어 있어서 뇌가 지능적으로 반응하려면 인체의 다른 부분에서 입력된 정보가 꼭 필요하다.

이에 반해 식물의 경우에는 인지기능과 신체기능이 분리되어 있지 않고, 하나의 세포 안에 존재한다. AI 분야의 과학자들은 몸통으로 세상과 상호작용하는 행위자를 체화된 행위자embodied agent라고 부르는데, 식물이야말로 체화된 행위자의 대표적 사례라고 할 수 있다.

나는 앞에서 '식물은 모듈구조를 진화시켰으며, 모든 기능을 개별장기에 집중시키지 않고 전신에 분산시켰다'고 누누이 강조했다. 이것은 식물이 생존을 위해 선택한 기본전략이다. 왜냐하면 식물은 고착생활을 하는 관계로 초식동물 포식자의 공격에 취약하므로, 신체의 상당 부분을 잃더라도 목숨을 유지하는 방법은 모듈화밖에 없기 때문이다. 따라서 식물은 동물과 달리 폐, 간, 위장, 췌장, 신장 등이 없지만, 이런 장기들이 수행하는 역할을 문제없이 해낸다. 그렇다면 뇌는 어떨까? 식물은 뇌가 없이도 지능적 행동을 할 수 있을까? 물론이다.

식물의 뿌리를 자세히 살펴보자. 다윈은 일찍이 식물의 뿌리가 의사결정과 통제능력을 보유했음을 간파했다. 뿌리의 말단, 즉 근단은 뿌리의 성장을 지휘하며, 수분·산소·영양소의 탐색임무를 수행한다. 우리는 흔히 뿌리가 물을 찾거나 아래를 향하는 것을 자동반응이라고 생각하기 쉽다. 뿌리가 수분을 탐지하여 그쪽으로 향하거나, 중력에 이끌려 아래쪽으로 자라는 것은 매우 단순해 보이기 때문이다. 그러나 뿌리의 기능은 이보다 훨씬 더 복잡하다.

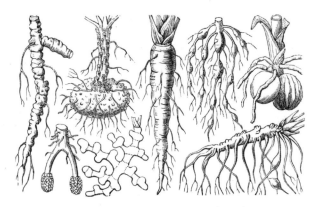

그림 5.2 뿌리의 다양한 유형. 뿌리는 식물의 '숨겨진 반쪽'으로, 지상부보다 훨씬 더 흥미롭다.

근단은 동시에 다양한 과업들을 수행하고 다양한 욕구들 간의 균형을 유지해야 한다.

근단은 토양을 탐색하는 과정에서 복잡한 평가과제를 수행해야 한다. 산소, 무기염류, 수분, 영양소는 여러 곳에 분포하고, 때로는 제각기 멀리 떨어진 곳에 존재하기도 한다. 예를 들어 인phosphorus은 오른쪽에 있는데 반해 질소는 왼쪽에 있을 수 있고, 물을 흡수하려면 아래로 내려가야 하지만 신선한 공기를 흡입하려면 위로 올라가야 한다. 그러므로 뿌리는 늘 중요한 결정을 내려야 하며, 상반된 선택지 중에서 하나를 택해야 하는 경우도 있다. 게다가 뿌리는 표적을 향해 뻗어나가는 동안 장애물을 만나거나 다른 식물, 기생충과 같은 적을 맞닥뜨릴 수도 있다. 장애물은 우회하거나 돌파하고, 적은 회피하거나 물리쳐야 한다. 마지막으로, 뿌리의 국지적인 요구사항과 식물 전체의 요구사항이 다른 경우에는 타협과 조정도 필요하다.

이처럼 식물은 살아가는 과정에서 다양한 변수들을 고려해야 하며, 그중 무엇 하나 중요하지 않은 것은 없다. 식물의 삶은 복잡하고 어려운 의사결정의 연속이며, 잘못된 결정을 내릴 경우 생명의 위협을 받을 수 있다. 이러한 의사결정이 고도의 지능 없이 자동적으로 이루어질 거라고 생각하는가?

여기서 근단의 구조와 기능을 자세히 알아보고 넘어가기로 하자. 근단의 색깔은 보통 흰색이지만 크기는 종에 따라 달라서, 애기장대*Arabidopsis thaliana*처럼 1밀리미터 미만인 것에서부터 옥수수처럼 약 2밀리미터에 이르는 것까지 다양하다. 근단은 뿌리의 핵심적인 부분으로, 생장점을 갖고 있을 뿐 아니라 뛰어난 감각능력을 보유하고 있다. 또한 활동전위를 기반으로 강력한 전기활성을 나타내며, 동물의 뇌신경과 유사한 전기신호를 발생시킨다. 근단의 수는 이루 헤아릴 수 없으며, 매우 작은 식물조차 무려 1,500만 개 이상의 근단을 갖고 있다.

각각의 근단에는 시시각각으로 중력, 기온, 습도, 전기장, 빛, 압력, 화학적 기울기, 독성물질의 존재, 소리와 진동, 산소와 이산화탄소의 농도 등과 같은 다양한 정보가 입력된다. 근단에 입력되는 정보의 목록은 엄청나게 길지만, 완성되려면 아직 멀었다. 과학자들은 매년 이 목록에 새로운 항목들을 추가한다. 근단은 이러한 정보들을 분석

그림 5.3 근단. 모든 근단은 섬세한 감각기관이다.

하여, 식물의 각 부분이 요구하는 사항들을 종합적으로 검
토하고 식물 전체의 입장에서 뿌리를 뻗을 방향을 최종 결
정한다.

    이러한 의사결정 과정은 자동반응과는 차원이 다
르다. 한마디로 말해서, 각각의 근단은 데이터처리센터data
processing center(DPC)다. 하지만 각각의 DPC는 개별적으로
작동하지 않고 수백만 개의 다른 DPC들과 연결되어 거대
한 네트워크를 형성한다.

6. 식물은 살아 움직이는 인터넷이다

나는 지금까지 주로 개별 근단의 기능을 언급했다. 그러나 귀리와 같이 작은 식물도 수천만 개의 근단을 갖고 있으며, 특별히 연구된 적은 없지만 나무의 경우에는 아마도 수억 개의 근단을 보유하고 있을 것으로 추정된다. 하지만 수천만에서 수억 개의 근단들은 각각 따로 놀지 않고 집단적으로 행동한다. 따라서 한 식물의 근단들을 다룰 때는 개별적으로 취급할 것이 아니라 하나의 커다란 네트워크로 간주해야 한다.

그런데 이렇게 많은 근단들이 도대체 어떻게 단체행동을 하는 것일까? 근단의 단체행동을 이해하려면 인터넷을 생각하면 된다. 인터넷은 인간이 만들어낸 가장 크고 가장 강력한 네트워크다.

매우 복잡한 계산을 수행하기 위해 컴퓨터는 최

근 수십 년간 두 가지 방향으로 진보해왔다. 한편에서는 짧은 시간에 엄청난 양의 연산을 수행할 수 있는 강력한 메가컴퓨터가 개발되었다. 2012년 이후 가동되고 있는 IBM의 세쿼이아Sequoia 컴퓨터는 67억 명의 사람들이 하루 24시간씩 320년간 수행할 수 있는 계산을 단 한 시간 만에 뚝딱 해치운다.

다른 한편에서는 인터넷 같은 컴퓨터 네트워크가 보유한 무한한 계산능력을 활용하는 방법이 개발되었다. 이처럼 상반되는 두 가지 전략은 생물의 진화사에도 그대로 적용된다. 생물은 계산능력을 향상시키기 위해, 한편에서는 세쿼이아를 방불케 하는 커다란 고성능 뇌를 진화시키고 다른 한편에서는 인터넷을 방불케 하는 분산지능distributed intelligence을 진화시켰다. 인간을 비롯한 척추동물은 전자에 해당되고, 식물과 곤충은 후자에 해당된다.

계산 속도 면에서는 슈퍼컴퓨터가 컴퓨터 네트워크를 능가하지만, 네트워크의 안전성이라는 장점을 결코 과소평가해서는 안 된다. 인터넷의 효시로 알려진 아르파넷ARPANET은 미 국방부 고등연구계획국Defense Advanced Research Projects Agency(DARPA)에 의해 최초로 개발되었는데, 대규모 핵공격을 견뎌내기 위해 모듈식으로 설계되었다. 즉, 네트워크를 구성하는 컴퓨터들이 대부분 파괴되더라도, 네트워크가 궤멸되지 않고 데이터를 계속 전송할 수 있다는 것이 아르파넷의 가장 큰 장점이었다.

아르파넷이 추구한 '분산화 전략' 이야기를 들으

니 왠지 친숙한 느낌이 들지 않는가? 그도 그럴 것이, 그건 바로 식물이 채택하고 있는 전략이기 때문이다. 수백만 개의 근단이 네트워크를 형성하므로, 주요부분이 파괴되거나 포식자에게 먹히더라도 네트워크는 와해되지 않는다. 개별 근단의 계산능력은 미약하지만, 다른 근단들과 합세하여 비범한 능력을 발휘한다. 마치 미천한 개미들이 다른 개미들과 힘을 합쳐, 자연계에서 가장 복잡하고 구조화된 사회를 형성하는 것처럼 말이다.

수많은 뿌리들이 서로 힘을 합치고 행동을 조율하는 메커니즘은 아직 완전히 밝혀지지 않았다. 그러나 최근에 발표된 연구들은 몇 가지 흥미로운 가설들을 제시하고 있다.

무엇보다도, 식물의 근계root system는 뿌리들이 해부학적으로 연결되어 있는 물리적 네트워크다. 그러나 뿌리들이 서로 물리적으로 연결되어 있는 것은 그리 중요하지 않다. 사실 각각의 뿌리들이 서로 주고받는 신호는 식물의 내부경로를 통해 전달되지 않는다.

식물의 근단을 개미와 같은 곤충의 군집colony이라고 상상해보자. 개미들은 서로 물리적으로 연결되어 있지 않지만, 화학신호를 통해 일사불란하게 행동한다. 혹시 식물의 뿌리도 이와 비슷한 방식으로 행동하지 않을까? 식물은 화학분자를 만들어내고 이용하는 데 일가견이 있어서, 다양한 화학분자들을 생성하여 다양한 목적으로 활용한다. 따라서 식물의 지하부가 지상부와 마찬가지로 화학

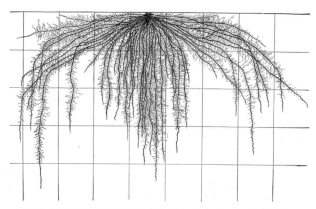

그림 5.4 싹이 튼 지 8주 지난 옥수수의 뿌리. 하나의 근계는 수천만 개의 근단으로 구성되어 있다.

신호를 방출하여 서로 의사소통을 한다고 해도 전혀 놀랍지 않다.

그러나 나는 가설을 소개하고 있으므로, 몇 가지 가능성들을 더 제시하고자 한다. 예컨대 근단은 전자기장에 매우 민감하므로, 이웃의 근단들이 만들어내는 전자기장을 감지하여 단체행동을 한다고 볼 수도 있다. 또는 3장에서 언급한 바와 같이 모든 뿌리들이 성장할 때는 세포벽이 파열되면서 '찰칵click' 비슷한 소리가 나는데, 다른 뿌리의 근단들이 이 소리를 감지하여 단체행동을 한다고 볼 수도 있다. 생물학자들은 이 소리를 소위 '짠돌이 신호parsimonious signal'이라고 부르는데, 그 이유는 에너지를 전혀 소비하지 않으면서 소기의 목적을 달성하기 때문이다.

7. 뿌리떼

먹구름처럼 하늘을 뒤덮은 천 마리의 새떼가 일사불란하게 움직이는 장면을 상상해보라. 1970년대까지만 해도 수많은 새들이 대오隊伍를 흩뜨리지 않고 이동하는 원리는 베일에 가려 있었다. 이론적으로, 근접비행을 하는 새들은 좌충우돌을 거듭한다고 여겨졌다. 어떤 과학자들은 해답을 찾다가 궁색해지자 자못 진지한 어조로, 그것도 이름만 대면 알 만한 과학저널에 기고한 논문에서 새들이 텔레파시를 갖고 있음에 틀림없다는 궤변을 늘어놓기도 했다.

사실 해답은 매우 간단함에도 불구하고, 최근에 와서야 수수께끼가 풀렸다. 과학자들에 의하면, 무리에 속한 새들은 전방 및 좌우에 있는 새와 몇 센티미터의 간격을 유지하는 것과 같은 몇 가지 간단한 법칙을 따를 뿐이

라고 한다. 심지어 수천만 마리의 새들이 함께 이동하더라
도 이런 원칙들만 지키면 한 건의 추돌사고 없이 목적지에
도달할 수 있다.

　　새들이 편대비행을 하는 원리는 매우 기본적이고
기능적이어서, 일부 상상력이 풍부한 독자들은 그런 시스
템이 새의 비행을 위해서만 진화하지는 않았을 것이라고
생각할지도 모른다. 매우 훌륭한 추론이다. 널리 받아들여
지는 식물학 이론에 의하면, 식물의 뿌리가 새떼와 동일한
원리에 따라 행동한다고 한다. 그 이론에 따르면, 개별 근
단들은 주변의 근단들과 일정한 거리를 유지한다. 모든 근
단들이 이 원칙을 지킨다면, 수많은 뿌리들은 고차원적인
자유의지volition의 힘을 빌리지 않더라도 서로 뒤엉키는 일
없이 땅속을 탐험할 수 있다.

　　식물은 중앙통제기능을 수행하는 하나의 인지기
관(뇌) 대신, 일종의 분산지능을 진화시켰다. 분산지능은 무
리 지어 사는 생물들의 전형적인 특징이다. 여러 마리의 생
물들이 모여 무리를 형성하면, 개별 생물들에게 존재하지
않던 창발행동emergent behavior이 나타난다. 과학자들은 최근
생물의 창발행동을 체계적으로 관찰하고 분석하여 흥미로
운 결과를 얻었다.

　　심지어 인간의 경우에도 집단을 형성하면 창발행
동의 역학관계를 나타내는 것으로 입증되었다. 그 고전적
사례는, 대형극장에 모인 수천 명의 관객들이 박수를 칠
때 나타나는 현상이다. 최근의 연구에 의하면, 처음에는 중

구난방으로 박수를 치던 관객들이 몇 초 후부터 점차 박자를 맞춰나가다가, 종국에는 행동을 통일한다고 한다. 이러한 동기화synchrony 현상은 당연히 비자발적이며, 창발행위가 표출된 것으로 볼 수 있다. 극장에서 관객을 관찰하는 사람이 있다면, 수천 명의 사람들이 어떻게 행동을 통일시킬 수 있는지 의아해질 것이다. 리듬을 결정하는 사람은 누구고, 다른 사람들에게 박자를 맞추라고 말해주는 사람은 도대체 누구일까?

과학자들은 창발행동 모형을 이용하여, 매우 복잡한 거리에서 다른 사람의 발등을 밟지 않고 걷는 능력에서부터 주가의 움직임에 이르는 인간행동의 다양한 측면들을 설명해왔다. 예컨대 증권시장의 경우를 생각해보자. 증권시장은 전 세계에 있는 기업들의 가치를 평가해주고, 경제를 효과적으로 지배하며, 우리의 운명에 상당한 영향력을 행사한다. 그러나 증권시장의 기능을 중앙에서 관리감독하는 개인이나 단체는 존재하지 않으며, 투자자들은 그저 자신의 포트폴리오에 포함된 극소수의 기업에 신경을 곤두세우며 시장규칙에 따라 행동할 뿐이다. 주식매매의 결과는 궁극적으로 개별 투자자 간의 상호작용에서 나온다. 근계에 속하는 근단이나 개미군집에 속하는 개미처럼 투자자 개개인의 힘은 미약하지만, 그들의 힘이 합쳐지면 믿을 수 없을 만큼 큰 능력을 발휘하게 된다.

창발행동은 식물과 동물 모두에게 나타나지만, 식물과 동물의 창발행동 사이에는 중요한 차이점이 하나 있다. 즉, 동물의 경우 수많은 곤충, 새, 포유동물, 사람들이 모여 무리를 형성하지만, 식물의 경우에는 창발행동의 역동성이 하나의 개체 내부, 특히 뿌리에서 나타난다는 것이다. 간단히 말해서 식물은 하나하나가 모두 군집이라고 할 수 있다.

식물의 지능을 연구하면 일반적인 생물의 지능을 연구하는 데 도움이 된다. 즉, 우리는 '인간이 자신과 다른 방식으로 생각하는 생물체를 이해하는 것이 얼마나 힘든지'를 알게 된다. 왜냐하면 우리는 인간과 매우 비슷한 방식으로 생각하는 생물체의 지능만을 평가하는 경향이 있기 때문이다.

세균, 원생동물, 곰팡이와 같이 '뇌를 갖지 않은 생물체'의 지능을 생각해보자. 일부 세균과 원생동물은 너무 간단해서 하나의 세포만으로 이루어져 있지만, 그럼에도 불구하고 지능적인 행동을 한다. 그러나 우리는 과학적 사고보다는 전통과 선입관에 입각하여 이러한 생물들의 사고력이나 지능을 부정한다. 예컨대 아메바는 미로를 통과할 수 있는데, 크기가 너무 작아 주목을 받지 못하고 있을 뿐이다. 만약에 아메바의 몸집이 조금만 더 크다면 아무도 아메바의 지능을 의심하지 않을 것이다.

식물의 경우도 세균, 원생동물, 곰팡이와 크게 다를 바 없다. 우리는 전통과 선입관에 사로잡힌 나머지 식물의 지능을 도외시한다. 그러나 식물의 지능을 연구하면 생각의 지평이 넓어질 수 있다. 식물의 지능을 연구함으로써 우리 자신의 가치관과 외계에 존재할지도 모르는 낯선 생명체를 전혀 새로운 시각에서 바라볼 수 있는 것이다.

우리는 오랫동안 외계의 지적 생명체를 탐구해왔지만, 아무런 소득을 얻지 못했다. 언젠가 우리가 외계 생명체와 맞닥뜨리는 날이 온다고 생각해보자. 의사소통은 고사하고 그들을 알아볼 수나 있을까? 아마 그러지 못할 것이다. 우리 인간은 우리와 다른 지능을 상상하지 못하고 '외계의 지적 생명체'보다는 '인간과 비슷한 지능을 가진 생명체'들을 찾아왔기 때문이다.

만약 외계에 지적 생명체가 정말로 존재한다면, 그들은 우리와 완전히 다른 생명체로부터 진화했을 것이다. 그들의 화학은 우리와 완전히 다를 것이고, 우리가 아는 환경과는 완전히 다른 환경에서 살고 있을 것이다. 우리와 완전히 다른 조건을 가진 행성에서 진화한 지적 생명체가 우리와 똑같은 의사소통 수단(파동현상에 근거를 둔 음성, 소리, 라디오, TV 등)을 사용할 리 만무하다.

식물은 우리와 다른 시스템을 이용하여 의사소

통을 한다. 그들의 의사소통 방법은 매우 효과적이고 정보 전달에 최적화되어 있지만, 우리는 그것에 대해 아는 것이 별로 없다. 지구상에 존재하는 수많은 식물들이 그 방법을 사용하고 있는데도 말이다. 우리와 진화사의 상당 부분을 공유하고, 똑같은 세포구조를 보유하며, 똑같은 환경 속에서 살고 있는 식물과 생물들의 지능도 알아보지 못하는 주제에, 무슨 수로 외계인의 지능을 알아본단 말인가?

우리가 식물의 지능을 낯설어하는 것은, 식물의 행동이 우리보다 느리고, 폐, 신장, 위장 등의 개별장기를 보유하고 있지 않기 때문이다. 식물은 우리와 신체적·유전적으로 다르지만 기본적으로 우리와 매우 가까우므로, 지능을 연구하는 데 매우 중요한 모델이 될 수 있다. 나아가 수억 광년 떨어진 별에서 태어나 진화했을 외계의 지적 생명체를 연구하는 데도 큰 도움이 될 것이다.

9. 식물도 잠을 잔다

　　수천 명의 철학자들과 과학자들이 수면의 비밀을 밝히려고 노력했지만, 수면은 여전히 과학계 최고의 미스터리 중 하나로 남아 있다. 수면에 대한 문제를 처음으로 제기했던 사람은 아리스토텔레스다.

　　우리는 수면과 각성의 본질이 뭔지를 생각해봐야 한다. 수면과 각성은 영혼이나 신체 중 한 곳에만 해당되는가, 아니면 양쪽 모두에 해당되는가? 만약 양쪽 모두에 해당된다면, 구체적으로 영혼이나 신체의 어느 부분과 관련되어 있는가? 나아가, 우리는 무슨 근거로 수면과 각성을 동물의 속성이라고 규정하는가? 만약 수면과 각성이 동물의 속성이라면, 모든 동물이 수면과 각성을 공유하는가, 아니면 동물에 따라 각각 다른가? 즉, 어떤 동물은 둘 중 하나만 있고, 어떤 동물은 둘 다 있고, 어떤 동물은 둘 다

없는가? 그로부터 2,000년이 흘렀지만, 이상의 의문 중 상당수는 여전히 해결되지 않은 채로 남아 있다.

수면의 목적은 무엇일까? 꿈의 본질은 무엇이고, 어떤 기능을 수행하는가? 아리스토텔레스 이전에 살았던 헤라클레이토스(기원전535~475년)는 "인간은 밤에 스스로 불을 켠다"라고 말했다. 정신분석가들은 헤라클레이토스의 말을 '꿈이 무의식의 일부를 반영한다'는 뜻으로 해석한다.

오늘날 과학자들은 수면이 학습과 기억에 영향을 미친다고 말하고 있으며, 우리는 수면을 '뇌의 기능 중에서 가장 숭고한 것'으로 떠받들고 있다. 지난 수 세기 동안 과학자들은 인간과 몇 안 되는 고등동물들만이 잠을 잘 수 있다고 믿어왔지만, 최근 들어 곤충이 이 대열에 합류했다. 2000년에는 초파리도 잠을 잔다는 연구결과가 발표되어, 수면 연구에 일대 혁명을 일으켰다. 만약 가장 단순한 동물이 잠을 잘 수 있다면, 수면은 생명의 가장 필수적인 요소 중 하나로 인정받아야 하기 때문이다.

그럼 식물은 어떨까? 식물도 동물처럼 잠을 잘까? 최근 식물의 수면에 관심을 갖는 과학자들이 점점 더 늘어나고 있다. 만약 식물이 지능과 사고력을 갖고 있다면, 식물이 잠을 자는 것은 당연하다. 왜냐하면 수면은 지능 및 사고력과 밀접한 관계가 있기 때문이다.

1장에서 언급한 바와 같이 린네는 1755년 발표한, 거의 알려지지 않은 논문에 〈식물의 수면〉이라는 제목을 붙임으로써 독특한 연구의 정점을 이루었다. 그는 특정 식물의 잎과 가지가 낮과 밤에 위치를 옮긴다는 점에 주목하여 이 논문을 집필했다. 프랑스 몽펠리에 출신의 저명한 식물학자 소바주(1706~1767)는 린네에게 서양벌노랑이*Lotus corniculatus* 표본을 선물로 보냈는데, 때마침 린네는 그 꽃을 연구하고 싶었다.

하지만 따뜻한 지중해 해안에서 추운 웁살라로 운반된 서양벌노랑이는 변화된 기후조건에 적응하느라 몇 달 동안 꽃을 피우지 않았다. 그 뒤로 온실에서 지극정성으로 보살핀 보람이 있었던지, 5월의 어느 날 아침 마침내 예쁜 노란색 꽃이 피었다. 그날 저녁 린네는 꽃을 다시 보고 싶은 마음에 오후 늦게 허겁지겁 온실로 달려갔지만 웬걸, 그가 경탄해 마지않았던 꽃은 온데간데없고 줄기와 잎만 남아 있었다.

다음 날 아침 온실에 다시 가보니, 꽃은 예의 그 자리에서 싱싱한 자태를 뽐내고 있었다. 귀신이 곡할 노릇이었다. 도대체 서양벌노랑이에게 무슨 일이 생긴 걸까? 수수께끼는 곧 풀렸다. 린네가 관찰한 현상은 오늘날 식물학자들이 수면운동nyctinasty이라고 부르는 것으로 잎과 꽃의 위치가 밤낮으로 바뀌는 현상을 말한다. 서양벌노랑이는 황혼 무렵 잎을 들어올려 꽃을 감쌈과 동시에 꽃자루를 약간 아래로 드리우므로 제아무리 관찰력이 뛰어난 사람일지라도 꽃을 들여다볼 수가 없다. 수면운동을 관찰한 것을 계기로 하여 린네는 식물의 수면에 관심을 갖게 되었고, 식물의 행동만을 보고 시간을 알 수 있는 정원을 꾸미

그림 5.5 잎의 모양과 위치가 밤낮으로 바뀌는 식물들. a. 무초*Desmodium gyrans*, b. 로투스 크레티쿠스*Lotus creticus*, c. 카시아 푸베스켄스*Cassia pubescens*, d. 카시아 코림보사*Cassia corymbosa*, e. 담배*Nicotiana glauca*, f. 네가래*Marsilea quadrifoliata*

고 소위 꽃시계flower clock를 구상하기에 이르렀다.

　　사실 식물의 일주기운동circadian movement은 린네보다 까마득히 앞선 고대 그리스 시대에 처음 관찰되었다. 기원전 4세기 알렉산드로스대왕의 필경사 안드로스테네스는 타마린드(콩과 식물의 일종)의 잎이 낮에는 열리고 밤에는 닫히는 것을 관찰했고, 그 후 다양한 시대와 장소에서 숱한 식물학자들이 이와 비슷한 관찰결과들을 언급했다.

　　알베르투스 마그누스(1193–1280)는 1260년 발간한 《채소와 식물에 대하여》에서 "특정 콩과 식물의 우상엽pinnate leaf이 매일 주기적으로 운동한다"라고 서술했고, 존 레이(1627–1705)는 1686년 발표한 《식물의 역사》에서 밤과 낮 사이에 나타나는 식물의 광역동적 현상phytodynamic phenomenon을 처음으로 증명했다. 1729년 프랑스의 시간생물학자 메랑(1678–1771)은 미모사가 약 24시간마다 잎을 열고 닫는 것을 면밀히 관찰한 끝에 미모사의 몸 안에는 잎의 운동을 제어하는 일종의 생체시계internal clock가 존재하는 것이 분명하다는 결론을 내렸다.

　　이처럼 린네 이전에도 식물의 수면을 관찰한 과학자들은 많았지만, 식물의 수면이라는 주제를 체계적으로 다룬 것은 린네가 처음이라고 할 수 있다. 그는 잎의 운동을 초래하는 요인은 온도가 아니라 빛일 것이라고 생각했지만 드러내놓고 말하지는 않았다. 그는 수면과 각성의 원인을 추적하기보다는 잎의 위치가 밤낮으로 바뀌는 식물의 사례를 수집하고 분류하는 데 치중했다. 그리고는

낮의 모습을 '각성자세', 밤의 모습을 '수면자세'라고 명명했다.

최근의 연구자들이 식물의 수면을 은유적으로 다루는 것과 달리, 린네는 식물의 수면을 동물의 수면과 대등하게 취급했다. 예컨대 식물은 밤낮으로 자세를 바꾸는데, 참나무, 올리브나무, 월계수처럼 두껍고 뻣뻣한 잎을 가진 식물의 경우에는 밤낮의 자세를 구별하기가 어렵지만, 얇고 부드러운 잎을 가진 식물들의 경우에는 명확히 구별할 수 있다.

동물들의 수면자세가 종種마다 제각각인 것처럼 식물들의 수면자세도 천차만별이다. 오리가 날개 밑에 머리를 숨기고 황소가 모로 눕고 고슴도치가 몸을 동그랗게 말듯, 시금치는 잎을 줄기 쪽으로 곧게 펴고 봉선화와 콩은 잎을 아래로 드리우며 클로버는 린네가 연구한 벌노랑이와 같이 잎을 한데 모아 꽃을 에워싼다. 그리고 루피너스는 잎을 아래로 내리고, 괭이밥은 잎을 반으로 접어 잎자루 끝에 거꾸로 매단다.

하지만 이 같은 다양성에도 불구하고 식물의 잎이 야간에 취하는 자세에는 공통점이 하나 있다. 바로 발아germination 시의 자세와 동일하다는 것이다. 다시 말해서, 실린더 형태로 말거나 바람개비처럼 오므리거나 반으로 접는 등 겉모습은 달라도, 식물의 잎이 야간에 취하는 자세는 처음 세상에 나올 때의 모습과 비슷하다.

식물과 동물의 수면에는 비슷한 점이 많다. 예컨

대 식물의 경우 어린 시절에는 수면시간이 길지만, 나이가 들어갈수록 깨어 있는 시간이 길어지고 잠자는 시간은 줄어든다. 즉, 일정 시점이 되면 수면경향이 줄어들어 수면을 유발하는 자극에 둔감해진다. 어떤가, 인간이나 동물과 비슷하지 않은가?

그런데 여기서 궁금한 점이 하나 있다. 식물의 잎이 낮에 열리고 밤에 닫히는 이유는 뭘까? 또 식물의 수면과 각성을 유발하는 요인은 뭘까? 생물학자들은 아직 명확한 답변을 내놓지 못하고 있다. 그러나 연구가 진척되면, 언젠가 식물을 이용하여 인간의 수면을 연구하는 날이 올 것이다. 그러면 생물학자들은 다양한 유전자분석 도구를 이용하여, 수면의 메커니즘과 수면장애의 발병과정을 연구하게 될지도 모른다.

에필로그

우리는 식물을 생각할 때 본능적으로 두 가지 속성을 떠올린다. 하나는 움직이지 못한다immobility는 것이고, 다른 하나는 지각력이 없다insentience는 것이다. 이 두 가지 속성은 단순한 특징이 아니라, 식물을 평가하는 기준이 된다. 그러나 우리가 수백 년간 생각해온 것과는 달리, '움직이지 못한다'는 것과 '지각력이 없다'는 것은 식물의 본질적 속성이 아니라, 아리스토텔레스 이래 끈질기게 이어져 내려오는 문화적 편견일 뿐이다. 아리스토텔레스는 식물을 '동물보다 열등하고 영혼anima이 없는 존재'로 여겼다(영혼은 아리스토텔레스의 운동원리motor principle를 구성하는 핵심개념이다). 그는 생물이 무생물과 구분되는 것은 스스로 움직이는 능력이 있기 때문이라고 설명하며, 식물은 거의 움직이지 않으므로 생물과 무생물 사이의 경계에 존재한다고 주장했다.

식물이 동물과 완전히 다른 존재라는 생각은 19세기 말부터 흔들리기 시작했지만, 아직도 대중의 뇌리에 박혀 있다. 그러나 최근 들어 최소한 과학계에서만큼은, 식물과 동물의 차이가 질적質的인 것이 아니라 양적量的인 것이라는 인식이 자리를 잡아가고 있다.

　　식물은 태양에너지를 이용하여 물질과 에너지를 생성하고, 동물은 식물이 생성하는 물질과 에너지를 사용한다. 즉, 식물은 태양에게 의존하고, 동물은 식물에게 의존한다. 따라서 식물은 태양과 동물을 이어주는 매개자이며, 나아가 모든 생물의 활동을 태양과 이어주는 연결고리라고 할 수 있다.

　　최근 발표된 연구들에 의하면, 식물이 지각능력을 갖고 있으며, 식물 서로 간에 또는 식물과 동물 간에 의사소통을 하고, 잠을 자고, 기억을 하며, 심지어 다른 종을 조종한다고 한다. 이 모든 점을 감안하면 식물은 사실상 지능적이라고 할 수 있다. 뿌리에는 무수한 지휘본부가 있어서, 계속 전진하는 전선front line을 구성한다. 식물의 뿌리는 일종의 집단지능 또는 분산지능처럼 식물을 이끈다. 집단지능은 식물이 성장함에 따라 영양과 생존에 중요한 정보를 얻는다.

　　최근 식물학의 발달에 따라, 우리는 식물이 환경에서 수집한 정보를 보유·저장·공유·처리·활용할 수 있는 능력을 보유한 유기체라는 것을 알게 되었다. 이렇게 영리한 생물이 일관된 방식으로 정보를 획득하고 처리하는 과정을 중점적으로 다루는 학문을 식물신경생물학plant neurobiology이라고 한다.

식물의 의사소통 및 사회화 시스템을 연구하는 과학자들은, 식물을 이용하여 종전에 상상하지 못했던 기술을 개발하고 있다. 조만간 식물에서 영감을 얻은 로봇이 등장할 것으로 기대된다. 로봇의 진화사에서 인간에게서 영감을 받은 로봇(안드로이드android)과 동물에게서 영감을 얻은 로봇의 뒤를 이어, 식물에서 영감을 얻은 로봇(플란토이드 plantoid)이 등장하게 되는 것이다.

또한 식물기반 네트워크를 구축하는 방안도 논의되고 있다. 그것은 식물을 생태학적 배전반switchboard으로 삼아 뿌리와 잎을 이용하여 환경변수를 실시간으로 모니터링하는 방식이다. 전문가들은 이것을 식물인터넷, 즉 그린터넷Greenternet이라고 부른다. 조만간 식물인터넷이 우리의 일상생활의 일부가 될 것이다. 그리하여 대기와 토양의 상태를 모니터링하고, 지진이나 산사태 등의 천재지변을 사전에 예고할 수도 있게 될 것이다. 식물의 인지능력과 계산능력을 기초로 하여 식물컴퓨터phytocomputer를 설계하는 과학자들도 있다.

로보틱스robotics와 정보과학에 영감을 주는 것 외에도, 식물은 다양한 혁신적 솔루션을 제공함으로써 수많은 기술적 문제들을 해결해준다. 즉 생물에게서 새로운 기술의 추동력impetus을 찾아내는 분야를 생물영감bioinspiration 또는 생체모방학biomimetics이라고 하는데, 종래에는 동물에 주안점을 뒀었지만 최근에는 식물의 다양한 잠재력에 눈을 뜨고 있다. 미래에는 식물을 이용하여 의약품을 개발하고, 새로운 청정에너지를 개발하며, 새로운 물질을 합성하는 등의 무궁무진한 가능성이 열릴 것이다.

식물은 일상생활에 필수적인 요소일 뿐만 아니라 인간에게 커다란 선물이기도 하다. 하지만 우리는 이 점을 종종 경솔하게 간과하곤 한다. 지구상에 존재하는 식물 종 중에서 인간이 이해하는 것은 5~10퍼센트에 불과하지만, 우리는 거기에서 95퍼센트의 의약품을 추출해낸다. 그런데 매년 수천 종의 생물들이 우리도 모르는 사이에 멸종한다니, 그들이 우리에게 준 선물은 개봉되지도 못하고 사라지는 셈이다. 식물이 지각, 의사소통, 기억, 학습, 문제해결 능력을 보유하고 있음을 안다면, 언젠가 그들을 면밀히 관찰함과 동시에 효과적으로 보호할 수 있는 기회가 찾아오게 될 것이다.

최근 수십 년 동안 축적된 과학적 증거로 미루어볼 때, 2008년 말 스위스 연방윤리위원회가 〈식물의 존엄성에 관한 보고서The dignity of living beings with regard to plants - Moral consideration of plants for their own sake〉를 발표한 것은 결코 놀랄 일이 아니다. 비록 이그노벨상Ig Nobel Prize을 수상하는 바람에 희화화되기는 했지만, 식물의 존엄성을 공식적으로 언급했다는 것은 인간의 이해관계에서 독립된 식물의 권리를 인정하는 첫걸음을 내디뎠다는 점에서 큰 의의가 있다. 그것은 식물은 존중받아야 하며, 우리 인간은 식물과의 관계에 있어서 책임을 져야 한다는 것이다. 만약 우리가 식물을 단순한 사물이나 수동적 기계로 간주하고 인간의 이해관계에 종속된 것으로 여긴다면, 식물에게 존엄성이라는 말을 쓰는 것은 난센스일 것이다. 그러나 식물이 지각능력을 보유하고 있으며 환경에 능동적으로 적응한다면, 그리고 무엇보다도 우리와 독립적으로 삶을 영위한다면, 식물에게 존엄성이라는 단어를 사용하는 것은 전적으로 타당하다.

21세기가 시작될 무렵, 인도 최초의 현대적 과학자이자 인도 현대사의 전설적인 인물로 식물과 동물의 기본적 공통점을 주장한 자가디시 찬드라 보즈(1858-1937)는 다음과 같이 말했다. "나무들에게도 우리와 같은 삶이 있다. 그들도 먹고 성장하며, 가난과 슬픔과 고통에 직면한다. 그들도 굶주리면 도둑질과 강도짓을 하지만, 서로 돕고 친구를 사귀며 자손을 위해 자신의 삶을 희생할 줄도 안다."

많은 이슈들이 여전히 논란의 대상이며, 아직 발견되지 않은 것들이 많다. 그러나 도덕철학자, 분자생물학자, 박물학자, 생태학자 등으로 구성된 스위스 생명윤리위원회는 만장일치로 이렇게 의결했다. "식물을 함부로 다뤄서는 안 된다. 식물을 무차별적으로 파괴하는 것은 도덕적으로 용납되지 않는다."

단, 여기서 한 가지 짚어둘 것이 있다. 식물이 권리를 갖고 있음을 인정한다고 해서 식물의 이용을 줄이거나 제한해야 한다는 것은 아니다. 동물의 존엄성을 인정한다고 해서 그들을 먹이사슬에서 제외하거나 동물실험을 완전히 금지하지 않는 것처럼 말이다.

지난 수 세기 동안 동물 역시 식물과 마찬가지로 '생각하지 않는 기계'로 간주되었으며, 동물이 권리와 존엄성을 갖고 있으므로 존중받아야 한다는 의견이 대두되기 시작한 것은 불과 수십 년 전의 일이다. 그 결과 오늘날 모든 선진국에서는 관련 법령을 제정해가면서까지 동물의 권리를 지키고 보호하고 있다. 그러나 식물에 대해서는 아직 이렇다 할 움직임이 없다. 우리는 지금부터라도 식물의 권리에 대한 논의를 시작해야 한다. 더 이상 미룰 수는 없다.

참고문헌

1장

식물의 수면에 대해서 더 알고 싶은 독자들은 아래 문헌들을 참조하라:

—Aristotle. "On Sleep," "On Dreams," and "On Divination in Sleep." In Vol. 1 of The Complete Works of Aristotle. Bollingen Series, revised Oxford translation, edited by Jonathan Barnes. Revised Oxford translation by J. I. Beare. Princeton, NJ: Princeton University Press, 1984.
—Linnaeus, C. Somnus Plantarum. Upsala, Sweden: 1755.

식물을 '거꾸로 선 인간'으로 보는 아이디어의 역사에 대해서는 아래 문헌을 참조하라:
—Repici, L. Uomini Capovolti: Le Piante nel Pensiero dei Greci. Bari: Editori Laterza, 2000.

식물은 본질적으로 움직이지 않는다거나, 식물의 움직임

은 모두 불수의적involuntary이라는 아이디어가 완전히 폐기된 것은 찰스 다윈과 프랜시스 다윈 덕분이다. 두 사람의 저서는 식물 신경생 물학의 진정한 이정표라고 할 수 있다:

—Darwin, C., and F. Darwin. The Power of Movement in Plants. London: John Murray, 1880. Reprint, Cambridge, UK: Cambridge University Press, 2009.

1908년 9월 2일 영국 과학진흥협회 연례회의에서, 프랜시스 다윈이 식물의 지능에 대해 연설한 내용은 《Science》에 수록되어 있다:

—Darwin, F. "The Address of the President of the British Association for the Advancement of Science." Science 18 (September 1908): 353-62.

2장

앨런 와이스먼은 '인간이 갑자기 사라지면 어떻게 될까?' 라는 주제를 흥미진진하게 다뤄 독자들의 마음을 사로잡았다. 그는 인간이 멸종한 후 다른 종種들이 어떻게 행동할지를 상상했다:

—Weisman, A. The World Without Us. New York: Thomas Dunne Books, 2007. www.worldwithoutus.com.

식물이 스트레스 해소, 재활, 집중력 향상, 심리학적 문제 해결 등에 얼마나 기여하는지를 포괄적으로 다룬 연구결과는 아직까지 찾아보기 어렵다. 그러나 아래 논문들을 참조하면 다소 도움이 될 것이다:

—Dunnet, N., and M. Qasim. "Perceived Benefits to Human Well-Being of Urban Gardens." HortTechnology 10 (2000): 40-45.

—Honeyman, M. K. "Vegetation and Stress: A Comparison Study of Varying Amounts of Vegetation in Countryside and Urban Scenes." In The Role of Horticulture in Human Well-Being and Social Development: A National Symposium, 143–45. Portland, OR: Timber Press, 1991.

—Tennessen, C. M., and B. Cimprich. "Views to Nature: Effects on Attention." Journal of Environmental Psychology 15 (1995): 77–85.

—Ulrich, R. S. "View through a Window May Influence Recovery from Surgery." Science 224, no. 4647 (1984): 420–21.

—Mancuso, S., S. Rizzitelli, and E. Azzarello, "Influence of Green Vegetation on Children's Capacity of Attention: A Case Study in Florence, Italy." Advances in Horticultural Science 20 (2006): 220–23.

3장

육식식물에 대한 입문서는 아래 문헌을 참조하라:

—D'Amato, P. The Savage Garden. Berkeley, CA: Ten Speed Press, 1998.

벌레잡이통풀의 놀라운 세계가 궁금한 독자들은 아래 문헌들을 참조하라:

—Clarke, C. Nepenthes of Borneo. Kota Kinabalu, Sabah, Malaysia: Natural History Publications, 1997.

———, Nepenthes of Sumatra and Peninsular Malaysia. Kota Kinabalu, Sabah, Malaysia: Natural History Publications, 2001.

찰스 다윈의《식충식물》은 필독서라고 할 수 있다. 이 책은 원래 John Murray(London, 1875)가 출간했지만, 지금은 Darwin Online에서 디지털 형식으로 제공하고 있다(edited by John van Wyhe, http://darwin-online.org.uk/).

파리지옥을 최초로 기술한 문헌은 아래와 같다:
—Ellis, J. "Botanical Description of a New Sensitive Plant, Called Dionaea muscipula, or, Venus's Fly-trap, in a Letter to Sir Charles Linnaeus." In Directions for Bringing over Seeds and Plants from the East-Indies and Other Distant Countries, 35-41. London: L. Davis, 1770.

식물학에 관한 디지털 도서는 헌트식물학문서보관소Hunt Institute for Botanical Documentation의 웹사이트에서 PDF 형태로 열람할 수 있다(http://huntbot.andrew.cmu.edu/HIBD/Departments/Library/Ellis.shtml).

원시육식식물에 대해서는 아래 논문을 참조하라:
—Chase, M., et al. "Murderous Plants: Victorian Gothic, Darwin and Modern Insights into Vegetable Carnivory." Botanical Journal of the Linnean Society 161 (2009): 329-56.

식물이 소리를 내는 능력에 대해 알고 싶은 독자들은 아래 논문을 참조하라:
—Gagliano, M., S. Mancuso, and D. Robert. "Towards Understanding Plant Bioacoustics." Trends in Plants Science 17, no. 6 (2012): 323-25.

매혹하는 식물의 뇌

식물의 군집행동swarming behavior에 대해서는 아래 논문을 참조하라:

—Ciszak, M., et al. "Swarming Behavior in the Plant Roots." PLoS ONE 7, no. 1 (2012). doi: 10.1371/ journal. pone.0029759.

특별한 지하잎을 이용하여 토양 속의 동물을 잡는 육식식물이 발견된 것은 매우 최근의 일이므로 자료가 별로 없다. 이에 대한 최초의 논문은 아래와 같다:

—Pereira, C. G., et al. "Underground Leaves of Philcoxia Trap and Digest Nematodes." PNAS (Proceedings of the National Academy of Science of the United States of America) (2012). www.pnas.org/content/ early/2012/01/04/1114199109.abstract.

고틀리프 하벌란트의 '단안ocelli 이론'에 대해서는 아래 문헌을 참조하라:

—Haberlandt, G. Sinnesorgane im Pflanzenreich zur Perception mechanischer Reize. Leipzig: Engelmann, 1901. (독일어 문헌은 저작권이 없으며, http://archive.org/details/sinnesorganeimp00habegoog에서 다운로드 받을 수 있다.)

4장

기공의 개폐開閉에 대해서는 아래 논문을 참조하라:

—Peak, D., et al. "Evidence for Complex, Collective Dynamics and Emergent, Distributed Computation in Plants." PNAS (Proceedings of the National Academy of Sciences of the United States of America) 101, no. 4 (2004): 918-22.

식물 간의 의사소통, 특히 뿌리가 친족과 비친족을 구별하는 능력과 그에 따른 식물의 행동에 대해서 더 알고 싶은 독자들은 아래 논문을 참조하라:

—Dudley, S., and A. L. File. "Kin Recognition in an Annual Plant." Biology Letters 3 (2007): 435-38.

—Callaway, R. M., and B. E. Mahall. "Family Roots." Nature 448 (2007): 145-47.

수관기피crown shyness를 비롯하여 식물에 대한 편견없는 견해에 대해서는 프랑시스 알레의 기본서를 참고하라:

—Halle, F. Plaidoyer pour l'arbre. Arles, France: Actes Sud, 2005.

미토콘드리아가 공생하게 된 기원과 그것이 고등생물의 진화과정에서 차지하는 중요성에 대해서는 아래 논문을 참조하라:

—Lane, N., and W. Martin. "The Energetics of Genome Complexity." Nature 467 (2010): 929-34.

—Thrash, Cameron J., et al. "Phylogenomic Evidence for a Common Ancestor of Mitochondria and the SAR11 Clade." Scientific Reports 1 (2011): 13. doi: 10.1038/srep00013.

초식공룡의 천적에게 도움을 받는 식물의 방어전략에 대해서는 아래 논문을 참조하라:

—Dicke, M., et al. "Jasmonic Acid and Herbivory Differentially Induce Carnivore-Attracting Plant Volatiles in Lima Bean Plants." Journal of Chemical Ecology 25 (1999): 1907-22.

위성 접시 안테나 모양의 잎을 이용하여 꽃가루매개자인 박쥐를 유혹하는 식물에 대해서는 아래 논문을 참조하라:

—Simon, R., et al. "Floral Acoustics: Conspicuous Echoes of a Dish-Shaped Leaf Attract Bat Pollinators." Science 333, no. 6042 (2011): 631–33. doi: 10.1126/science.1204210.

☞ 위 논문의 내용을 간단히 요약하면 아래와 같다:

많은 꽃들의 화려함은 벌이나 새와 같은 꽃가루 매개자들을 시각적으로 유혹하는 데 도움이 된다. 그러나 초음파탐지 능력을 보유한 박쥐를 유혹하여 꽃가루 매개자로 활용하는 식물이 있는지는 분명하지 않다. 우리는 마르크그라비아 에베니아*Marcgravia evenia*라는 식물을 관찰한 결과, 그것이 '위성 접시 안테나 모양의 잎을 이용하여 박쥐의 초음파탐지기에 신호를 보냄으로써 박쥐에게 자신의 위치를 알린다는 사실을 확인할 수 있었다. 행동실험을 해보니, 위성 접시 안테나 모양의 잎은 박쥐의 꽃가루채집에 소요되는 시간을 절반으로 줄이는 것으로 나타났다.

옥수수근충의 역사와, 현대의 미국산 옥수수 품종이 카리오필렌 유전자를 상실한 내력에 대해서는 다음 논문을 참조하라:

—Rasmann, S., et al. "Recruitment of Entomopathogenic Nematodes by Insect-Damaged Maize Roots." Nature 434 (2005): 732–37.
—Schnee, C., et al. "A Maize Terpene Synthase Contributes to a Volatile Defense Signal That Attracts Natural Enemies of Maize Herbivores." PNAS (Proceedings of the National Academy of Sciences of the United States of America) 103 (2006): 1129–34.

새로운 옥수수 품종의 유전자를 변형하여 선충류를 이용한 방어시스템을 재도입하는 방법에 대해서는 아래의 논문을 참조하라:

—Degenhardt, J., et al. "Restoring a Maize Root Signal That Attracts Insect-Killing Nematodes to Control a Major Pest." PNAS (Proceedings of the National Academy of Sciences of the United States of America) 106 (2009): 13213–18.

식물은 모든 동물을 조작할 수 있으며, 심지어 인간을 조작하는 데도 성공했다는 아이디어에 대해서는 아래의 문헌을 참조하라:

—Pollan, M. The Botany of Desire: A Plant's-Eye View of the World. New York: Random House, 2001.

물고기가 식물의 씨앗을 퍼뜨리는 것에 대해서는 아래 논문을 참조하라:

—Anderson, J. T., et al. "Extremely Long-Distance Seed Dispersal by an Overfished Amazonian Frugivore." Proceedings of the Royal Society B 278 (2011): 3329–35.

육식식물인 벌레잡이통풀과 캄포노투스 속 개미의 의사소통에 대해서는 아래 논문을 참조하라:

—Thornham, D. G., et al. "Setting the Trap: Cleaning Behaviour of Camponotus schmitzi Ants Increases Long-Term Capture Efficiency of Their Pitcher Plant Host, Nepenthes bicalcarata." Functional Ecology 26 (2012): 11–19.

벌레잡이통풀은 보르네오의 쥐들과도 긴밀한 친구관계를 유지하고 있다. 쥐는 포충낭 속에서 당밀을 먹는 동안 똥을 싸는데, 이것은 벌레잡이통풀의 먹이에 질소화합물을 보충해준다:

—Greenwood, M., et al. "Unique Resource Mutualism between the Giant Bornean Pitcher Plant, Nepenthes rajah, and Members of a Small Mammal Commu-

nity." PLoS ONE 6, no. 6 (2011). doi: 10.1371/journal.
pone.0021114

5장

식물의 수면에 대해서는 앞에서 언급한 아리스토텔레스
의 "잠에 관하여On Sleep," "꿈에 관하여On Dreams," "잠 속의 예언
에 관하여On Divination in Sleep" 외에도 아래 문헌들을 참조하라:

—D'Ortous de Mairan, J. J. Observation Botanique.
Paris: Histoire de l'Academie Royale des Sciences, 1729.
—Ray, J. Historia Plantarum: Species hactenus editas
alias que in super multas noviter inventas & descriptas
complectens. London: Mariae Clark, 1686 – 1704.

초파리의 수면에 대한 자세한 설명을 읽고 싶은 독자들은
아래 논문을 참조하라:
—Shaw, P. J., et al. "Correlates of Sleep and Waking in
Drosophila melanogaster." Science 287, no. 5459 (2000):
1834 – 37. www.sciencemag.org/content/287/5459/1834.
abstract. doi: 10.1126/science.287.5459.1834.

곰팡이가 효율적인 네트워크를 형성하는 능력에 대해서
는 아래 논문을 참조하라:
—Tero, A., et al. "Rules for Biologically Inspired Adap-
tive Network Design." Science 327, no. 5964 (2010):
439 – 42. doi: 10.1126/science.1177894).
☞ 위 논문의 초록은 아래와 같다:

수송망transport network은 사회시스템과 생물시스템에

모두 널리 존재한다. 견고한 수송망의 성능은 비용, 수송효율, 고장 허용범위fault tolerance 등의 복잡한 균형을 통해 평가할 수 있다. 생물계의 수송망은 여러 차례의 진화적 선택압evolutionary selection pressure을 통해 연마되었으며, 조합최적화combinatorial optimization 문제에 대해 합리적 해법을 제공할 수 있다. 또한 그것은 중앙집권화된 통제 없이도 발달하며, 성장하는 수송망에 대해 수시로 확장가능한 해법을 제공할 수 있다. 우리는 황색망사점균Physarum polycephalum이 상당히 효율성 높은 수송망을 형성하며, 효율, 고장 허용범위, 비용 면에서 현실세계의 인프라 네트워크(도쿄 철도시스템)에 적용될 수 있음을 입증했다. 적응적 네트워크adaptive network 형성의 핵심 메커니즘은 생물에서 영감을 얻은 수학모델에서 찾을 수 있으며, 다른 영역에서 수송망을 구축하는 데도 유용하게 응용될 수 있다.

아메바와 미로찾기 능력에 대해 더 알고 싶은 독자들은 아래 논문을 참조하라:
—Nakagaki, T., H. Yamada, and A. Tóth. "Maze-Solving by an Amoeboid Organism." Nature 407 (2000): 470. doi: 10.1038/35035159.

식물에게 지능이라는 용어를 적용하는 것에 대해서는 아래 논문을 참조하라:
—Trewavas, A. "Aspects of Plant Intelligence." Annals of Botany 92, no. 1 (2003): 1–20.
☞ 위 논문의 초록은 아래와 같다:

우리는 식물에 대해 논의할 때 지능이라는 용어를 흔히 사용하지 않는다. 그러나 나는 이것이 식물의 능력(환경의 복잡한 측면을 계산하는 능력)을 제대로 평가하지 못하고 고착생활만을 생각한 데서 나온 편견임을 믿는다. 나는 이 논문에서 다소간의 논란을 무릅쓰고라도 식물의 지능과 관련된 이슈들을 많이 제기하려고 한다. 식물의 행동과 관련해 지능이라는 용어를 사용하기 시작하면 다

매혹하는 식물의 뇌

음과 같은 이점이 있다. 첫째, 식물이 복잡한 신호전달능력을 갖고 있다는 것을 알 수 있다. 둘째, 식물이 식별력과 감수성을 이용하여 환경에 대한 이미지를 구축한다는 것을 이해할 수 있다. 셋째, 식물이 전체적 수준whole-plant level에서 반응을 계산하는 방법에 관심을 갖게 된다. 넷째, 식물의 학습 및 기억능력을 연구하게 된다.

A. 트레와바스는 다른 논문에서 식물을 '지적 생명체의 원형'으로 간주할 것을 제안했다:

—Trewavas, A. "Plant Intelligence." Naturwissenschaften 92 (2005): 401 – 13. doi: 10.1007/s00114-005-0014-9.

☞ 위 논문의 초록은 아래와 같다:

지능적 행동은 생명체가 다양한 환경에 대응하기 위해 진화시킨 복잡한 적응현상이다. 적합성fitness을 극대화하려면 경쟁상황에서 필수자원(먹이)을 찾아내는 기술이 요구되며, 먹이찾기는 지능적 행동을 가장 찾아보기 쉬운 활동인 것 같다. 생물학자들에 의하면, 지능적 행동에는 세밀한 감각인식, 정보처리, 학습, 기억, 선택, 자원독점, 자기인식, 예측 및 선견지명 등의 요소들이 포함되며, 이러한 요소들은 상황에 적합한 문제해결 능력과 관련되어 있다고 한다. 나는 여기서 식물들이 이러한 지능적 요소들을 움직임이 아닌 표현적 가소성phenotypic plasticity을 통해 보여준다는 증거를 제시하려고 한다. 또한 대부분의 지능적 요소들은 경쟁적인 먹이찾기 상황에서 발견된다. 따라서 식물은 '지적 생명체의 원형'으로 간주되어야 한다. 지적 생명체의 원형이라는 개념은 식물의 전체적 의사소통, 계산, 신호전달을 연구하는 데 큰 영향을 미친다.

또한 식물의 지능이라는 테마에 대해서는 아래 논문을 참조하라:

—Calvo Garzon, P., and F. Keijzer. "Plants: Adaptive Behavior, Root-Brains, and Minimal Cognition." Adaptive Behavior 19 (2011): 155. doi: 10.1177/1059712311409446.

☞ 위의 논문은 뿌리에 존재하는 근뇌root brain와 지휘본

부command center를 논하고, 식물이 특정한 수준의 인지능력을 갖추고 있다는 것을 인정한다. 저자들은 이 책의 서문에서 아래와 같이 말했다.

식물의 지능은 지금껏 동물과 인간의 적응행동adaptive behavior이라는 틀 내에서 거의 주목받지 못했다. 이러한 상황에서 우리는 최근 발표된 식물의 지능에 대한 연구들을 소개하려 한다. 식물의 지능은 새로운 현상으로 주목받을 만한 가치가 있으며, 적응행동을 보다 일반적 관점에서 연구하는 데 도움이 된다. 우리가 이 책에서 말하고자 하는 내용은 다음과 같다. 첫째로, 우리는 식물의 적응행동을 개괄적으로 살펴봄으로써 많은 이들에게 식물이 '활동하는 생명체'라는 생각을 심어줄 것이다. 둘째로, 우리는 식물 신경생물학에 초점을 맞추어, '식물은 근단(근뇌)에 널리 분포된 통제본부control center를 갖고 있다'는 다윈의 아이디어가 최근 재부상하고 있음을 알려줄 것이다. 셋째로, 우리는 최소인식minimal cognition에 대해 논하고, 운동성motility과 감각운동조직화sensorimotor organization를 최소인식의 핵심특징으로 간주할 것이다. 마지막으로, 우리는 '식물은 최소한의 인식을 보유하고 있다'고 결론지으며, '식물의 지능은 적응행동과 체화된 인지과학embodied cognitive science에 시사점과 연구과제를 동시에 던질 것이다'라는 말로 대단원의 막을 내릴 것이다.

하나의 근계root system가 엄청나게 복잡하다는 아이디어에 대해 알고 싶으면 아래 논문을 참조하라:
—Dittmer, H. J. "Quantitative Study of the Roots and Root Hairs of a Winter Rye Plant (Secale cereale)." American Journal of Botany 24, no. 7 (1937): 417 – 20.

근단root tip에 대해 심도 있는 내용을 알고 싶으면 아래의 최신논문을 읽어보라:
—Baluska, F., S. Mancuso, D. Volkmann, and P. W. Barlow. "Root Apex Transition Zone: A Signalling-Response

Nexus in the Root." Trends in Plant Science 15, no. 7
(2010): 402 – 8.

뿌리의 전기활성electrical activity에 대한 최신내용은 아
래 논문에 담겨 있다:
—Masi, E., et al. "Spatiotemporal Dynamics of the Elec-
trical Network Activity in the Root Apex." PNAS (Pro-
ceedings of the National Academy of the United States
of America) 106, no. 10 (2009): 4048 – 53.

창발행동emergent behavior이라는 주제에 대해서는 수백
권의 책이 출판되었지만, 그중 상당수는 매우 기초적인 내용을 담고
있다. 이 매혹적인 주제를 탐구하고 싶은 독자들에게 아래 문헌들을
읽어보라고 권하고 싶다:
—Johnson, S. Emergence: The Connected Lives of Ants,
Brains, Cities, and Software. New York: Scribner, 2001.
—Wolfram, S. A New Kind of Science. Champaign, IL:
Wolfram Media, 2002.
—Morowitz, H. J. The Emergence of Everything: How
the World Became Complex. Oxford: Oxford University
Press, 2002.

근계의 군집행동과 창발적 속성에 대해서는 아래 논문들
을 참조하라:
—Ciszak, M., et al. "Swarming Behavior in the Plant
Roots." PLoS ONE 7, no. 1 (2012). doi: 10.1371/ journal.
pone.0029759.
—Baluska, F., S. Lev-Yadun, and S. Mancuso. "Swarm
Intelligence in Plant Roots." Trends in Ecology and Evo-
lution 25 (2010): 682 – 83.

매혹하는 식물의 뇌

초판 1쇄 발행　2016년 5월 16일
초판 5쇄 발행　2023년 7월 25일

지은이 스테파노 만쿠소, 알레산드라 비올라
옮긴이 양병찬

펴낸곳 (주)행성비
펴낸이 임태주

편집장 이윤희

출판등록번호 제2010-000208호
주소 경기도 김포시 김포한강10로 133번길 107, 710호
대표전화 031-8071-5913　　**팩스** 0505-115-5917
이메일 hangseongb@naver.com　**홈페이지** www.planetb.co.kr

ISBN 978-89-97132-89-8 (03480)

행성B이오스는 (주)행성비의 자연과학 브랜드입니다.

행성B는 독자 여러분의 참신한 기획 아이디어와 독창적인 원고를 기다리고 있습니다.
hangseongb@naver.com으로 보내 주시면 소중하게 검토하겠습니다.